读中华 学科学丛书

中国传统文化的生物之光

霍　静　主编

谢建平　副主编

温馨提示：请在成人监护下，安全做实验！

化学工业出版社

·北京·

内 容 简 介

本书用通俗易懂的语言阐述中华优秀传统文化中的生物学知识并加以科学解释，涵盖生物的生长和繁殖、遗传和变异、稳态平衡、生物与环境以及健康生活等主题，通过“天生有用”栏目描述了相关生物学知识在我国生产生活中的应用，通过“躬行实践”栏目引导读者动手实验。本书适合小学高年级及中学生阅读。

图书在版编目 (CIP) 数据

中国传统文化的生物之光 / 霍静主编；谢建平副主编．—北京：化学工业出版社，2023.8

（读中华　学科学丛书）

ISBN 978-7-122-43357-2

Ⅰ．①中…　Ⅱ．①霍…　②谢…　Ⅲ．①生物学 – 少儿读物　Ⅳ．① Q-49

中国国家版本馆 CIP 数据核字 (2023) 第 072386 号

责任编辑：曾照华
文字编辑：张春娥
责任校对：张茜越
装帧设计：溢思视觉设计 / 姚艺

出版发行：化学工业出版社
（北京市东城区青年湖南街 13 号　邮政编码 100011）
印　　装：中煤（北京）印务有限公司
710mm×1000mm　1/16　印张 $12^3/_4$　字数 119 千字
2024 年 4 月北京第 1 版第 1 次印刷

购书咨询：010-64518888
售后服务：010-64518899
网　　址：http://www.cip.com.cn
凡购买本书，如有缺损质量问题，本社销售中心负责调换。

定　　价：69.00 元

 “读中华　学科学”丛书 

丛书前言

中华民族历史悠久，中华传统文化博大精深，是中华文明成果根本的创造力，是民族历史上道德传承、各种文化思想、精神观念形态的总体。中华传统文化经历有巢氏 、燧人氏、伏羲氏、神农氏(炎帝)、黄帝(轩辕氏)、尧、舜等时代，再到夏朝建立，一直发展至今。中华传统文化与人们生活息息相关，以文字、语言、书法、音乐、武术、曲艺、棋类、节日、民俗等具体形式走进人心。中华传统文化以其深邃圆融的内涵、五彩斑斓的外延推进人类文明的进程。

“科学”来自英文science的翻译。明末清初，西方传教士携来有关数学、天文、地理、力学等自然科学知识，当时便借用“格致”称呼之。“格致”最早出自《礼记·大学》，“格物、致知、诚意、正心、修身、齐家、治国、平天下”，这是所谓“经学格致”。后来借用的“格致”与“经学格致”已有区别，它更强调自然知识与技术，不仅含实用技术，而且有高深学理，因此又被称为“西学格致”。我国早期的“科学”教育分为文、法、商、格致、工、农、医等科目，格致科以下再分算学、物理、化学、动植物、地质、星学(天文)等。可见，当时人们对“科学”及“科学教育”的理解是比较宽泛的。随着时代的发展，学校的科学课程设置逐渐转为侧重自然科学，科学教育也通常指自然科学教育。不过，对“科学”的广义理解仍然存在，如心理科学、教育科学、社会科学等术语的出现便是例证。

正是由于“中华传统文化”与“科学”的交集，“读中华　学科学”丛书应运而生。该丛书由西南大学科学教育研究中心组织编写，由西南大学教师教育学院教师领衔组建编写队伍，经过大家不懈努力完成。此丛书含四个分册——《中国传统文化的物理之光》《中国传统文化的化学之光》《中国传统文化的生物之光》《中国传统文化的数学之光》，分别从中华传统文化，如节日、古文、古诗、词语、乐曲、赋、民族音乐、民族戏剧、曲艺、国画、书法等，探索中华先辈的理性之光，发掘中华传统文化中蕴含的物理学、化学、生物学及数学知识，并对其进行分析解释，展示这些传统文化蕴含的科学思想等。同时，本丛书既注重实践操作，通过精彩实验等让读者体会“做中学”的乐趣，而且注重联系生活实际与现代科技，引导读者从文化走向科学，从生活走向科学，从科学走向社会，培养广大青少年的科学素养。

为促进科学教育育人功能的落实，促进全民科学素养的提升，西南大学科学教育研究中心自2000年始，集全国相关研究之长，以跨学科、多角度及国际比较的视野，持之以恒地探索科学教育的理论及实践，推出了科学教育系列成果。其中，科学教育理论研究系列，侧重从科学教育理论、科学课程、教材、教学、评价等方面进行研究，如《科学教育学》等；科学普及系列，侧重公民科学素养的提升，如“物理聊吧”丛书、“一做到底——让孩子痴迷的科学实验”丛书等；科学教育跨文化研究系列，从国际比较、不同民族等多元文化视角研究科学教育，如《西南民族传统科技》等；科学教材系列，编写新课标版教材，翻译国外优秀教材，如获首届全国优秀教材一等奖的《物理》以及世界知名*FOR YOU*教材中文版等。现在推出的“读中华　学科学”丛书进一步丰富了科学普及系列的成果，为科学教育理论及实践的探索又增添了一抹亮色。

“文化是一个国家、一个民族的灵魂。文化兴国运兴，文化强民族强。没有高度的文化自信，没有文化的繁荣兴盛，就没有中华民族伟大复兴”，我们推出“读中华　学科学”丛书，旨在弘扬中华民族的灿烂文化，培养广大青少年的文化自信及实现中华民族伟大复兴的责任感与使命感。

廖伯琴

2021年8月19日

于西南大学荟文楼

前言

我国的传统文化博大精深，展示着中华文化的独特魅力。2017年国务院在《国家教育事业发展“十三五”规划》(以下简称《规划》)中提出要提高学生文化修养，广泛开展中华民族优秀传统文化教育，培养青少年学生文化认同和文化自信。教育部发布的《完善中华优秀传统文化教育指导纲要》明确指出要在中小学和大学阶段分学段有序推进中华优秀传统文化教育，要将中华优秀传统文化教育系统融入课程与教材体系。编写中华优秀传统文化普及读物是提高读者对中华传统文化认同的重要途径。

中国优秀传统文化承载着中华民族千年来探寻自然规律的历程，展示出我国劳动人民在生物学领域探索的实践成果，也彰显出我国古代劳动人民几千年来不断形成的科学精神。本书依据生物学课程标准对中小学阶段要求学生掌握的学科基本特点，结合中学生物教材内容，梳理古人的传世典籍和诗词歌赋所承载的信息，将蕴藏在中华优秀传统文化中的生物学概念和思想方法，通过生物的生长和繁殖、遗传和变异、稳态平衡、生物与环境以及健康生活等主题展现出来，有助于广大青少年更进一步了解我国古人的智慧，感受我国古人坚持不懈的探索精神，由此增强学生的民族自豪感。

全书通过对中国优秀传统文化，如诗词、歌赋、风俗、器物等的描述，挖掘其中蕴含的生物学知识，将生物学与传统文化相互融合，不仅展示了中国古代劳动人民的文化气质，又科普了生物学知识，还为读者进一步实践提供相关的案例指导。全书共分七章，在每节的第一部分阐述蕴含在优秀传统文化中的科学原理，利用生物学原理解释在传统文化中的生物学现象，涉及的专业名词术语通过插入知识链接小栏目进行解释；第二部分“天生有用”，描述了相关生物学知识在我国生产生活中的应用；第三部分“躬行实践”介绍了与本节生物学知识相关的实践活动或实验，操作简单易懂，还配有文字或图片的说明和结果等。

《中国传统文化的生物之光》中介绍的传统文化只是我国五千年历史文明中的沧海一粟，由于篇幅的限制，不能完整地呈现出蕴藏在我国优秀传统文化中的生物学，只是选取了部分较有代表性的例子，希望能启发读者，激发读者们挖掘出更多深藏在中国优秀传统文化背后的科学知识。

也希望读者在阅读本书时，能在赞叹我国古人的智慧、感受我国古人坚持不懈的探索精神、为我国优秀的传统文化自豪与赞叹的同时，能收获一份生物学知识，并将该知识应用于实践，为开创美好的未来迈出坚实的一步！

由于编者的学识和经验所限，书中难免会有所疏漏，恳请广大读者批评指正！

霍静

2022年3月16日

目录

第1章　管窥生殖发育

第2章　别样生存有法

第 4 章　遵循规律之道

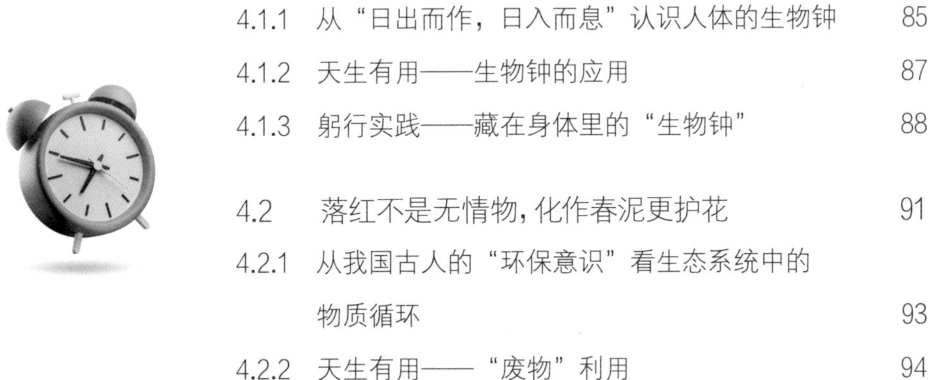

第5章 生态协调之美

第 6 章　顺其自然之理

第 7 章　经验成就“生活”

第1章 管窥生殖发育

生物的繁殖是产生新个体，延续生物种族的过程。每一个体都是由上一代生物通过生殖，将遗传信息传递给下一代。生物的繁殖保证了种群个体数量和遗传信息的稳定，生物的遗传信息又反映出生物在进化过程中的继承性和连续性。新个体的生长和发育过程，又伴随着一系列的代谢活动。

本章介绍了我国古人对生物生殖和发育现象的描述，让我们一起来认识其中的生物学吧！

1.1 春种一粒粟，秋收万颗子

古人将谷子称“粟”，“故五谷粟米者，民之司命也”指的就是粮食是人民生命的主宰。

生物学中的“粟”指的是一种禾本科谷类作物，去壳后就是“小米”（图1-1）。粟营养丰富，含有丰富的蛋白质、维生素和许多微量元素。研究显示，每500g粟中的蛋白质含量比大米、玉米高出6～11g。我国的北方农村地区把粟当作产妇良好的滋补食物，熬成米羹还可作为缺少母乳婴幼儿的食物。

图1-1　粟

粟也具有一定的药用价值，能益脾胃，养肾气，除烦热，利小便，其养分丰富，特别适合脾胃虚弱的人群食用。另外，粟还是制造黄酒的原料之一。

粟的花序由一个延长的中轴和很多小穗组成，着生在中轴位置的称为第一级分枝；着生在第一级分枝上的是第二级分枝；着生于第二级分枝上的为第三级分枝。分枝上的每一个小穗具有两朵花，但只有一朵花结实。二级分枝和三级分枝都很短，紧密排列在第一级分枝上成为一簇，形似圆锥，称为圆锥花序（图1-2）；这些圆锥花序形成的簇排列在中轴上，呈穗状。整个花序上的小穗多至2万至3万朵花，如果有一半的花结实也能有1万到1.5万颗子。

图1-2 粟的圆锥花序

小小的粟作为粮食，其“种一粒，收万颗”的特点，满足了人们的生存需要。“春种一粒粟，秋收万颗子”，是唐代诗人李绅对农事活动认真观察后的一种朴素写实。

1.1.1 “种一粒，收万颗”——生物的生殖现象

自然界中的生物，无论结构简单或复杂、进化程度高等或低

等，都能够正常地生存并繁衍后代，就说明其适应了生活的环境。那些不能保证后代存活率的生物，采用一次性生产足够数量后代的繁殖方式，从而保持种群的数量、保证物种的延续。

生殖

生物产生幼小的个体以繁殖后代。生殖是生命的基本特征之一。

日常生活中，能观察到可以产生大量后代的生物。例如：

路边随处可见的植物——蒲公英（图1-3）。蒲公英又名黄花地丁、婆婆丁、华花郎等，是菊科多年生草本植物。它的花序是头状花序，种子上有白色冠毛结成的绒球，能随风飘散到新的地方孕育新的生命。

貌似不起眼的蒲公英，却具有不容忽视的药用价值。古人将其与金银花等中草药共同入药，用于消炎、除肿。《本草纲目》中也谈到蒲公英具有“乌须发，壮筋骨”的疗效。

蘑菇是一种真菌，又称为双孢蘑菇，也叫白蘑菇、洋蘑菇。我们平时食用的是蘑菇的地上部分，称作子实体（图1-4）。子实体是通过有性和无性的孢子进行生殖，蘑菇的孢子就隐藏在菌褶结构中，数目众多，如图1-5 ~图1-7所示。

古人很早就发现蘑菇这类大型真菌是可以食用或药用的。大型真菌在古代医学中已具有众多用途与疗效。如《神农本草经》中将“白芝”的功效描述为：主咳逆上气，益肺气，通利口鼻，

图 1-3　蒲公英

图 1-4　蘑菇（子实体）

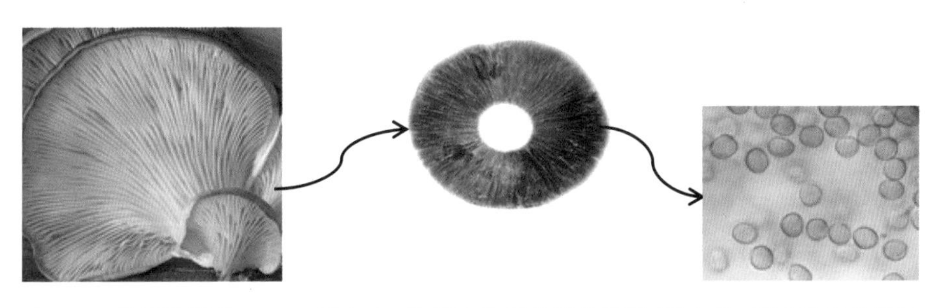

图 1-5　菌盖腹面观　　图 1-6　隐藏有孢子的蘑菇菌褶　图 1-7　蘑菇孢子显微图

强志意，勇悍，安魂。李时珍在《本草纲目》中也记录了多种大型菌类，如灵芝、木耳等。在现代，菌类也作为有益的食物和常用的药物被使用。

鲤鱼在我国的江河湖沼中都能生存。一尾雌鲤鱼的怀卵数有20万～30万粒，多的甚至有50万～60万粒。在几千年的文化传承中，鲤鱼不仅是我们餐桌上的一道美食佳肴，更被我们的祖先赋予了许多象征意义。

在现存的150余万种生物中，从细菌到高等动植物，不同的物种通过生殖得以延续，并且不断地适应复杂变化的环境，在自然界中拥有了自己的一席之地。

1.1.2 天生有用——克隆技术看“悟空”

在《西游记》的第九十回“师狮授受同归一　盗道缠禅静九灵”中有这样一段描述，三个小王子对行者叩头道：“师父先前赌斗，只见一身，及后佯输而回，却怎么就有百十位师身？及至拿住妖精，近城来还是一身，此是甚么法力？”行者笑道：“我身上有八万四千毫毛，以一化十，以十化百，百千万亿之变化，皆身外身之法也。”

我们小时候阅读这一段文章时，觉得孙悟空好厉害，只用一根毫毛就能变化出那么多一模一样的自己，甚至还幻想能具有和孙悟空一样的能力；再长大些学语文的时候，发现是作者太厉害，能构思出这样科幻的故事；后来学习生物学，才发现原来真的有这种以一化十的生物繁殖现象。

在现代，克隆技术的出现使孙悟空的毫毛“以一化十”的故事成为现实。在我国，古人也早已发现了能与其相媲美的“以一化十”的现象，并将其运用于生产实践中。

“着意栽花花不发，等闲插柳柳成阴”，关汉卿《包待制智斩鲁斋郎》中的经典名句被广泛流传。诗句所述，原指对事情的强求往往不如随心随缘地自在遇合。但句中的柳条成荫，却并非偶然的结果，而是蕴藏了从古时延续至今的农业技术——扦插。人们把剪取的植物的茎、叶、根、芽等插入土、沙或浸泡在水中，给予插条适宜的生长环境，促其生根后即可栽种（图1-8），从而长成独立的新植株。通过扦插技术，由一株母体通过无性繁殖产生更多的后代，与孙悟空的“毫毛”有异曲同工之妙。

图 1-8　插条生根图片

随着现代植物学研究的不断深入，植物组织培养（可简称组培）技术问世，给植物的培育带来了一个全新的思路。它只需要从植物体中分离出符合需要求的组织、器官或细胞，在一定的离体条件下培育，就可以实现由一个器官、一个组织甚至是一个细胞到一个完整植物体的转变，也称为“植物克隆”。组培的材料通过一系列的培养诱导，就能实现植物的快速繁育，如图 1-9 ~ 图 1-11 所示。

图 1-9　茎尖取样

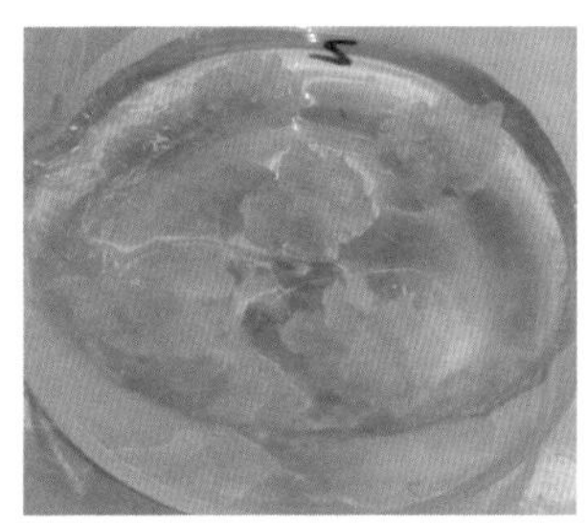

图 1-10　形成愈伤组织

图 1-11　诱导出植株

1.1.3　躬行实践——认识植物的繁殖器官

花是被子植物的繁殖器官，是植物雄性精细胞和雌性卵细胞结

合产生种子的场所。迄今最早的典型花朵——潘氏真花，具有花萼、花瓣、雄蕊、雌蕊等典型被子植物花朵的所有组成部分。“典型花”结构的每一个部位都需要整株植物为其提供营养。

认识花的结构

- 选材

君子兰，是石蒜科君子兰属的多年生草本植物，属观赏花卉。花期长达30～50天，以春、夏为主，元旦至春节前后也开花。君子兰是长春市的市花。君子兰属于地上无茎植物，开花时从地表的基生莲座抽出的无叶的花序梗称为花葶（图1-12），花序梗宽约2cm，伞形花序顶生，花直立，有数枚覆瓦状排列的苞片，每个花序有小花7～30朵，小花有柄，在花顶端呈伞形排列，花漏斗状，直立，黄或橘黄色、橙红色。

君子兰的小花结构明显、易于解剖，如图1-13所示。

图1-12　君子兰的花葶

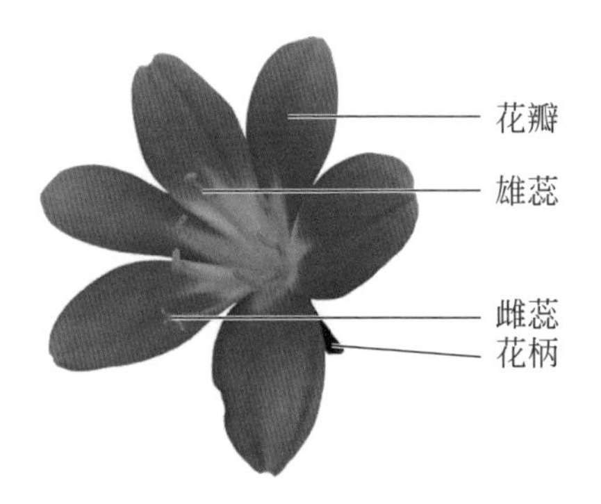

图1-13　君子兰花序中的一朵完整小花

也可选择其他易于获得的植物材料，如百合、桃花、茶花、栀子花等。

采集材料时可采用插入水中，用塑料袋密封等方式，尽量注意保持花朵新鲜。

- 解剖

用镊子从外向内逐层剥下花的各部分，按剥离的顺序摆放整齐（图1-14）。

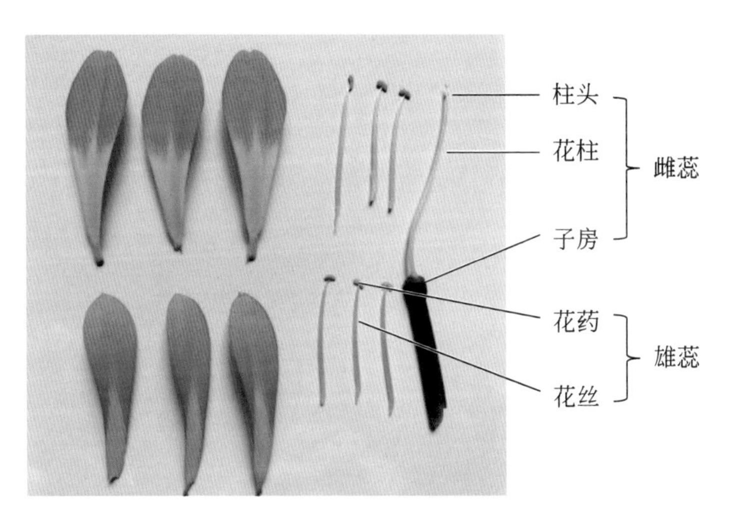

图1-14　君子兰小花的解剖

- 结构认识

君子兰花的结构有花梗（花柄）、花冠（花瓣）、雄蕊、雌蕊，观察君子兰，并找到上述对应的结构；认识雄蕊、雌蕊的结构，细微部分可借助放大镜或解剖镜观察。

雄蕊的花药里有许多花粉母细胞，花粉母细胞经过减数分裂能形成花粉粒，花粉粒经过一系列的分裂发育后可以形成精子，也就是由雄性产生的雄性生殖细胞。

雌蕊的子房里有胚珠，胚珠里有一个大孢子母细胞，经过减数分裂产生四个细胞，其中一个较大的细胞发育形成为大孢子，其余三个较小的细胞最终解体消失，大孢子连续进行三次有丝分裂，形成具有八个细胞的胚囊，其中只有一个卵细胞。卵细胞与生殖直接相关，是雌性产生的雌性生殖细胞。

经过两种性别的生殖细胞（精子与卵细胞）结合形成受精卵，发育为新的个体的生殖方式，叫做有性生殖。

- 观察

将花的各部分分离下来放到便于观察的白纸上，对于花托、子房等较厚不易固定的部分，可用刀片从中部切开进行观察。

在观察花的结构时，请思考各个部位与其生殖的关系，以及其对生物繁衍的意义。

1.2 桂实生桂，桐实生桐

我国古人在春秋时期，就已经发现“桂实生桂，桐实生桐”的自然现象。桂树主要在秋、冬季开花（图1-15），果期主要在冬末至来年的春季，桂树结的果呈卵球形。油桐是落叶性乔木，树形修长，耐旱耐瘠，是良好的园景树及行道树（图1-16），种植三年即可收获经济效益。桐树结的果实，内有种子3 ~ 5颗。桂树的果实落在土壤中能长出一棵新的桂树，桐树的果实落在土壤中也能再长出一棵桐树。这种子代与亲代相似的自然现象就是生物的遗传。

图 1–15　桂树开花

图 1–16　桐树开花

1.2.1　认识“种麦得麦”中生物的遗传现象

播下麦种，经生长发育成熟后，再次收获麦子，这是古人运用生物的遗传服务农业生产最好的实例。在《吕氏春秋》一书中记载有“夫种麦而得麦，种稷而得稷，人不怪也”。早在战国时期，我们的祖先就发现植物所结的种子成熟后，再次生长出的植株（子代）与原来植株（亲代）相似的现象。劳动人民在日常劳作中观察到的现象，已经初步探索到了生物遗传的奥秘。

麦是禾本科的植物。麦穗是小麦花和果实的部分，剥去麸皮磨粉就得到小麦粉，可制作面包、馒头、包子和面条等食物（图1-17）。小麦的秸秆、麸皮等还可以经发酵转换为清洁能源供给人类使用。

图1-17　小麦和麦制品

我国优秀的传统文化中还有许多与生物遗传奥秘有关的记载。在《吕语集粹·存养》中记载有“种豆，其苗必豆”，也就是种下豆子，长出来的苗必定是豆子。在轩辕黄帝时期，就已栽种大豆。大豆含有丰富的优质蛋白质、不饱和脂肪酸、钙及B族维生素。食用大豆及其豆制品有促进生长和保健的功效，大豆也因此被赋予了“田中之肉”和“绿色的牛乳”等称号。大豆种子吸水萌发，胚根向下生长形成根，两片子叶和胚芽向上生长。大豆生根发芽，生长繁殖，开花结果（图1-18），豆荚中的种子依然具有完整胚的结构（胚芽、胚轴、胚根和子叶，如图1-19所示），蕴藏着下一个生命的雏形。像大豆这样具有两片子叶的植物，被称为双子叶植物。子叶含有丰富的营养物质，为胚的生长提供必需营养。

图 1-18　大豆的生长繁殖示意图

自然界中的生物通过繁殖产生后代，保证了物种的延续。智慧的劳动人民发现了这样的规律——种豆得豆、种麦得麦，实现了粮食的丰收和自给自足。

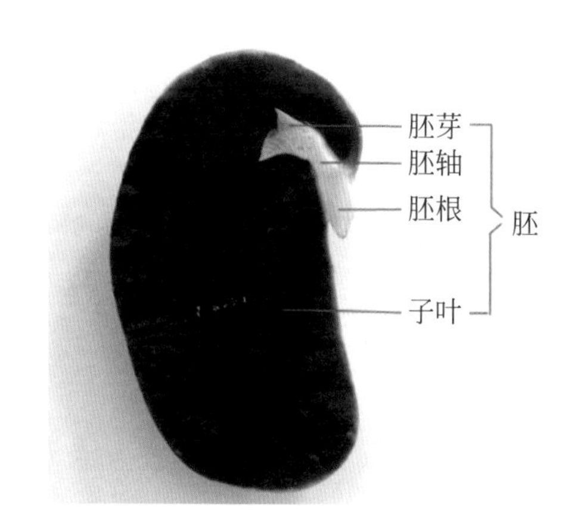

图 1-19　用碘酒对芸豆子叶染色

1.2.2《红楼梦》中的“亲上加亲”犯了遗传学里什么忌

《红楼梦》是我国汉语文学中最瑰丽的宝藏之一，大多数人物都有原型存在，经过艺术加工后使人物形象变得更加饱满。贾宝玉

是贾政和王夫人的儿子，林黛玉是贾敏和林如海的女儿。而贾政和贾敏都是贾母和贾代善的儿女。也就是说宝玉和黛玉之间是表兄妹的关系，或者说是近亲关系（见图1-20）。生物学中，将三代以内的直系、旁系亲属称为近亲，如父母兄弟姐妹、表堂亲等。如果从遗传学的角度来看，其实宝黛的婚姻是不被遗传学理论看好的，因为“亲上加亲”会导致生育的孩子含有相同致病基因的概率增高，违反了优生优育学。

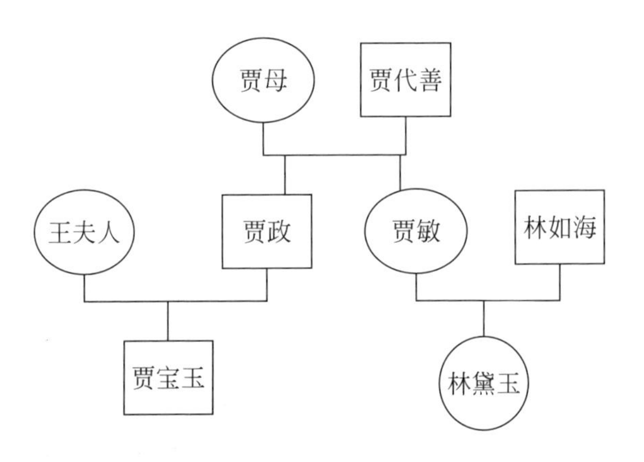

图1-20　林黛玉和贾宝玉家谱

直系血亲

有直接血缘关系的血亲，即生育自己与自己生育的上下各代血亲。

旁系血亲

直系血亲以外的血亲，如兄弟姐妹、堂兄弟姐妹、舅父、姨母等。

我们的祖先早在周朝就已经知道了近亲结婚的严重后果，在南北朝时代的《魏书》中就记载有：“夏殷不嫌一族之婚，周世始绝同姓之娶。”但在历史上却能查到较多近亲结婚的例子。例如，陈皇后（阿娇）与汉武帝是表姐弟关系；南宋诗人陆游，娶了舅舅的女儿唐婉为妻。这种“亲上加亲”能更好地巩固家族势力，还可以避免婚配双方因不熟悉而产生的家族矛盾。

由于古代医疗条件有限，孩子出生后存活率很低，患有遗传病很难活到婚育年龄，其次在封建贵族的家庭中如果出现了先天障碍的婴儿会被视为不祥，会通过一些秘密的手段将孩子处理掉，所以很难查找到由于近亲结婚而导致的后代患病的实例。欧洲皇室近亲结婚导致后代患病却有迹可循。血友病患者被称为“玻璃人”，无论是因外伤还是内伤流血，都有可能因为血流不止而致残或致死，并会传给后代。英国维多利亚一世女王带有“血友病”基因，而欧洲各国采用近亲联姻巩固势力，因此维多利亚一世的血友病致病基因从英国皇室传到了其他欧洲皇室。

在我国，《中华人民共和国母婴保健法》规定医疗保健机构应当为公民提供婚前保健服务，其中就包含了婚前医学检查项目，对准备结婚的男女双方可能患影响结婚和生育的疾病进行医学检查，包括询问病史、体格检查、常规辅助检查和其他特殊检查。随着遗传检测技术的迅速发展，能检测出没有表现出疾病的正常个体是否带有隐性的致病基因，大大降低了患先天性遗传病后代的概率。

1.2.3 躬行实践——你更像爸爸，还是妈妈?

遗传通俗地说就是“继承”，是父母的特征（性状）通过生育传递给后代，使后代获得父母遗传信息的现象。例如，我们中国人的黄色皮肤和棕色眼睛的特征，就是典型的遗传。

照一张全家福，仔细观察你和家人面部特征的异同点，例如单/双眼皮[图1-21（a）]、有/无耳垂[图1-21（b）]、会/不会卷舌[图1-21（c）]、有/无美人尖[图1-21（d）]等。

像妈妈还是像爸爸?

- 遗传的性状特征

如图1-21所示。

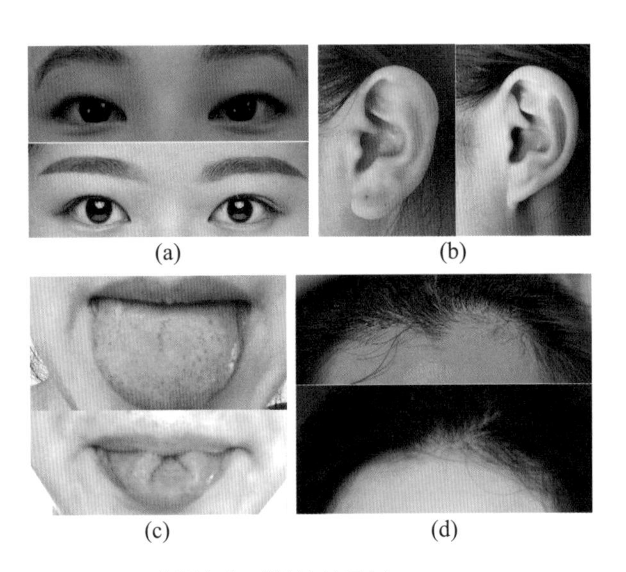

图1-21　人体面部相对性状的图例

● 观察记录，得出结论

具体结果见表1-1。

表1-1　结果记录

性状	家庭成员				
	爷爷	奶奶	爸爸	妈妈	我
眼皮（单/双）					
耳垂（有/无）					
卷舌（会/不会）					
美人尖（有/无）					
结论（我更像谁）					

注：可根据实际情况调整家庭成员的组成。

进一步比较分析通过观察得到的结果，得到“我更像谁”的结论。

1.3　穿花蛱蝶深深见，点水蜻蜓款款飞

“穿花蛱蝶深深见，点水蜻蜓款款飞”，取自杜甫的《曲江二首》，诗句描绘了这样的情景：蛱蝶（图1-22）于花丛深处，穿梭往来，翩跹飞舞，忽隐忽现；蜻蜓在水面缓缓飞舞，不时地把尾巴往水里沾一沾。

图1-22　蛱蝶

蝴蝶在花丛中飞舞完成求偶的“恋爱飞行”，成功交尾后，会在花丛深处，将卵产于幼虫喜欢的寄主植物叶、芽、气生根上。

蜻蜓点水是雌蜻蜓产卵的一种现象，蜻蜓“点水”并非蜻蜓的随意之举，而是完成产卵的重要使命。雌蜻蜓在短暂接触水面（点水）的瞬间，产下卵，并使其顺利进入水中。卵排出以后，在水草上孵化出幼虫，幼虫叫作水虿（chài）；水虿羽化时，会攀到水草上，不吃不喝，又短又胖的肚子逐渐变得越来越细长，原先叠在一起的翅膀也逐一展开，变成蜻蜓，如图1-23所示。

蜻蜓幼虫——水虿

水虿蜕皮

羽化为成虫——蜻蜓

图 1-23　蜻蜓幼虫—蜕皮—羽化

水虿要在水里经过很长一段时间的爬行生活，少则一年，多则七八年，才能羽化为蜻蜓成虫。

“穿花蛱蝶深深见，点水蜻蜓款款飞”创设了恬静、自由、诗意的意境，也将生物生殖的秘密蕴含于其中。

1.3.1　“破茧成蝶”，认识生物的变态发育

“破茧成蝶”原指困在茧中的虫，在痛苦地挣扎和不断地努力

后，冲破束缚的茧壳，化为蝴蝶的过程。现在常被用于形容人经历困境不放弃，最终走出困境，完成自我蜕变的过程。这个成语传达出我国传统文化当中“万物皆有灵，有灵以为生”的观点，尊重自然，以自然万物为师，进行自我完善。

“破茧成蝶”从生物学的角度看是一种变态发育的过程。蝴蝶一生经历四个时期，分别是卵、幼虫、蛹、成虫。蝴蝶成虫将卵产在幼虫喜食的寄主植物上，方便孵出的幼虫取食。蝴蝶的幼虫，因种类不同而形态各异，有的体表光滑，有的具软毛、刚毛，有的具棘刺，有的还有臭角。这些不同的特征是在长期自然选择过程中形成的，也是幼虫的自我保护防御结构。这些幼虫习惯上被人们称为毛毛虫。幼虫多数时间都在进食，为后期发育积累足够的营养物质。幼虫经历几次蜕皮以后，老熟幼虫停止取食，身体缩短化为蛹，此时完成了体型的大改造，蛹羽化出成虫，最初又肥又胖，两对翅膀又小又皱，经过1个多小时后，两对翅膀像折扇一样张开，血管泵送昆虫体液（也称昆虫血）充盈整个翅膀，紧跟着翅膀上美丽而鲜艳的斑纹呈现，昆虫血在整个翅脉血管中流动并返回体内。不久，由肛门排出体液废物，称为蛹便。这时的成虫便是美丽的蝴蝶，可以展翅飞舞了。

像蝴蝶这样，在胚后发育过程中，幼虫和成虫在外部形态、内部器官、生理和生活习性以及行为和本能上出现的一系列显著变

胚后发育

幼体从卵壳中孵出或从母体产出后发育为成体的过程。

化，称为完全变态发育。在变态发育过程中，幼虫阶段以摄取营养为主，而成虫阶段主要负责繁殖后代。蛹期能帮助个体抵御不良的环境条件。变态发育呈现出的阶段性可以减小同种生物在空间与食物资源上的种内斗争。

我们的祖先还记录了其他生物的变态发育。在《尔雅翼》中就描述了蛙类的变态发育过程："科斗，虾蟇（古同'蟆'）子也。虾蟇曳肠於水际草间，缠缴如索。日见黑点渐深，至春水时，鸣以聒（guō）之，则科斗皆出，谓之聒子。"

青蛙的发育经历受精卵、蝌蚪、幼蛙、成蛙四个时期。受精卵发育成蝌蚪，蝌蚪继续生长发育，先生出后肢，再长出前肢，经历一段有尾有腿的时间后，尾部逐渐变短消失，就发育为成蛙，如图1-24所示。

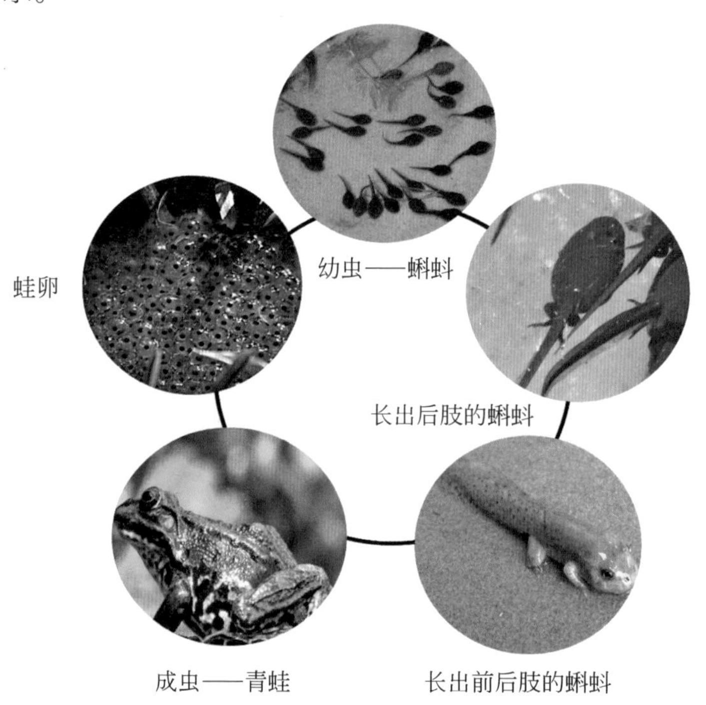

图 1-24　青蛙的变态发育示意

像青蛙这样，幼体生活于水中，用鳃呼吸，成体生活在陆地上，用肺呼吸，称为两栖动物。

两栖动物的卵，还没有钙化的外壳，需要产在湿润的环境中，而成体虽然能生活在陆地上，但需要借助湿润的皮肤辅助呼吸，也离不开潮湿的环境。

蛙也因其具有强大的生命力和繁殖能力，受到古人的崇拜。在出土的彩陶上就有蛙类的影子。同时，蛙在我国古代也是一种美味食材，最早在汉代就有食用方式的记载，后来，蛙也变为贵族祭祀时的贡品。除此之外，蛙类还可入药，李时珍的《本草纲目》中记载了利用蛙治疗水肿，并将此方称为“蛤馔”。

1.3.2 天生有用——从胚胎发育认识生物的进化

科学家关注到生物界中进行有性生殖生物的个体发育——从单细胞的精子和卵子结合形成受精卵，发育为桑葚胚、囊胚等的过程中不但在形态结构上相似，其形成和发育过程也有类似之处，如图1-25所示。

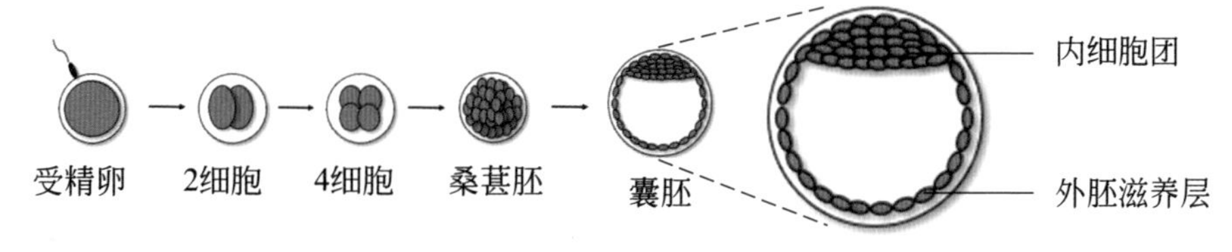

图1-25 受精卵变成囊胚的过程

科学家根据器官发育普遍具有包膜的现象，推测器官的早期发育阶段也是类似囊胚的结构，该假说认为个体的发育就是类囊胚不断形成和演化的过程。类囊胚的结构，由类内细胞团和类外胚滋养层两部分构成，类外胚滋养层在外围负责类囊胚与外界的物质交换，为其内的类内细胞团提供合适的环境，而类内细胞团负责进一步的细胞分化，每进行一次分化，类内细胞团发育成下一级类囊胚。

生物的胚胎发育在分子生物学中也找到了基因的证据。科学家们普遍接受了生物的胚胎发育是一个基因调控的过程，不同的基因依次被打开、关闭。这是一个信号逐级放大的过程，越早表达的基因，其后来的影响将越大。因此，能够保留的突变一般发生在胚胎发育的晚期，因为如果突变发生在发育的早期，将会对后面的发育过程产生重大的影响，其结果往往是灾难性的。那些胚胎发育时期较早表达的基因，往往是在进化史上较为古老的祖先基因，较晚表达的基因则是后来逐渐加入的。既然胚胎发育的过程是一个从祖先基因到新近基因的依次表达的过程，那么，重演进化过程的某些特征也就不奇怪了。图1-26所示就是人类的胚胎发育过程，短暂地重演了生物进化史。

我们的祖先在很早就对生物的进化有了从感性到理性的认识。我国早在《周礼》和《尔雅》中就有了关于生物遗传变异性的记

囊胚

受精卵经过卵裂形成囊胚，胚胎的这一时期称为囊胚期。此时，胚胎呈球形，中间的腔称为囊胚腔。

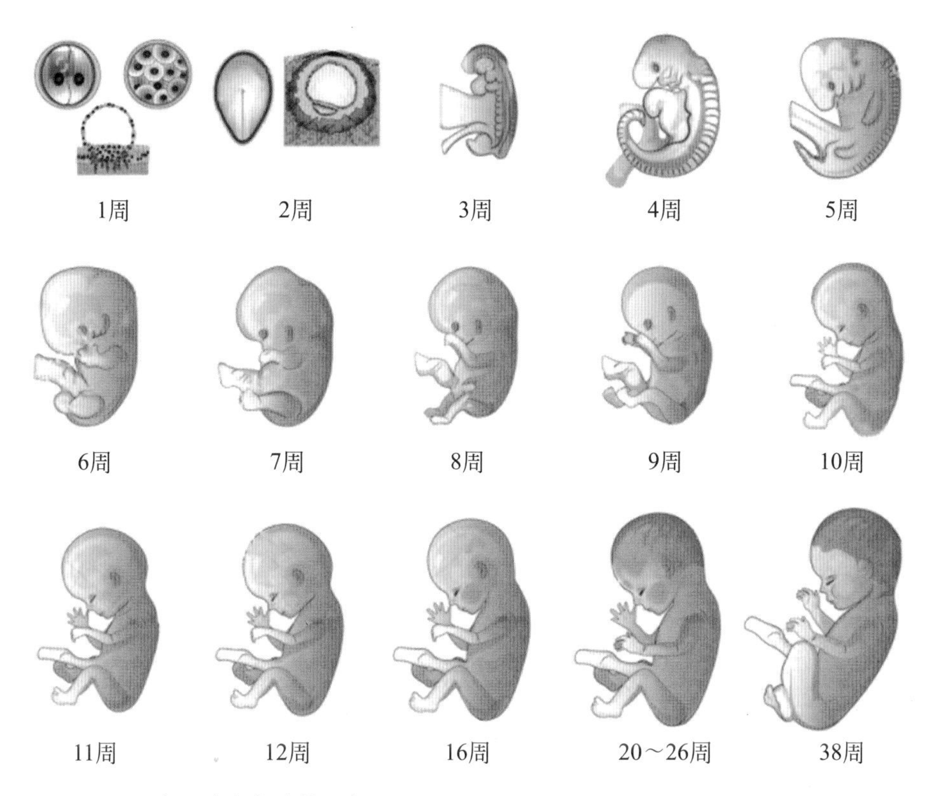

图 1-26　人类胚胎发育过程示意

载。王充在《论衡·奇怪篇》中认识到“物生自类本种”“子性类父”，也就是各种生物固有的遗传特性，《论衡·讲瑞篇》中描述的“试种嘉禾之实，不能得嘉禾”有了物种可变的生物进化思想，强调了突变的一般性和普遍性，长期的遗传育种实践反过来又充实和加强了物种可变的生物进化思想。

生物的生存离不开外界环境，生物的进化是生物与环境相互作用的结果。当环境变化时，能适应新环境的变化特征被保留下来，生物也随之不断地进化。现在我们所认识的自然界，从简单到复杂、从水生到陆生、从低等到高等，都是生物在适应环境的过程中不断进化并长期稳定地通过繁殖后代而延续至今。

生物离不开生存的环境，环境的变化既是挑战与威胁，也是机遇与重生，在逆境中求生存，同时也不断发展进化，这也是生物进化的意义。

1.3.3 躬行实践——动手养蚕

蚕是一种非常典型的完全变态发育类昆虫。从蚕卵到成虫（如图1-27所示），表现出不同的形态类型与生活习惯，是我们观察变态发育的良好材料。

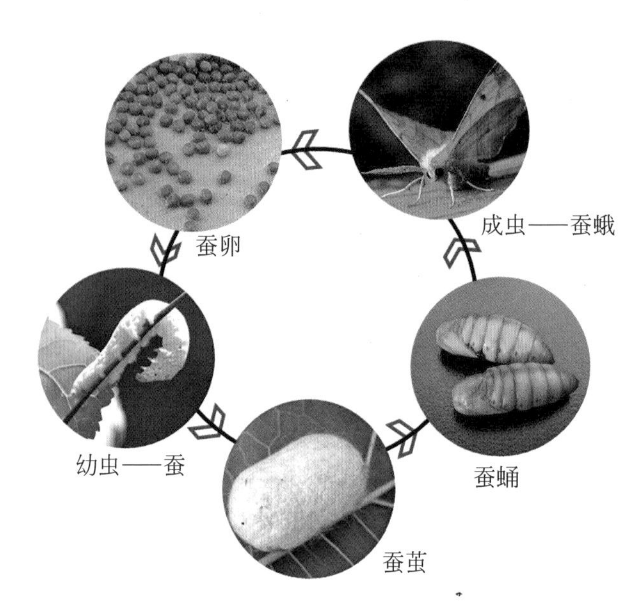

图1-27　蚕的一生

蚕卵孵化后形成蚕（幼虫），蚕取食桑叶，并以极快的速度生长，在幼虫期要经历五次蜕皮，每次蜕皮期会有约一天的时间处于不进食、不运动的状态，称为“休眠”。第四次蜕皮和休眠完成后，大约经过7天，蚕便开始吐丝结茧，形成椭圆形蚕茧，而虫体在蚕茧中形成蛹，最终蛹变成蚕蛾，破茧而出，雌、雄蚕蛾交配产下新的蚕卵后死去。新的蚕卵在适宜的条件下又开始发育，从而不断延续。

动手养蚕吧！

● 材料

①蚕种：蚕种数目应在100粒左右为佳，具体需要多少视饲养环境而定。

②可以用干燥透气的纸盒代替蚕匾、蚕架，纸盒内应放置干净的卫生纸。

③洗净晾干的新鲜桑叶、毛笔、消毒剂等。

● 培养条件

蚕卵移入蚕室之前，需对蚕室与用具进行消毒，并及时通风，避免刺激性气味残留。

● 饲养

（1）蚕种的孵化

将蚕种放置在纸盒中，保持温度在20～25℃，静待7天左右，会观察到蚕种从黄色变为黑色，再到灰白色，这是出蚕的特征。等卵完全变白，里面黑色的“蚕宝宝”就会相继破壳而出。

（2）蚕的饲养

➢ 1～3龄小蚕的饲养

1～3龄蚕称为小蚕，从孵化出来到第一次蜕皮前为一龄，到第二次蜕皮前为二龄，以此类推来划分蚕龄。

培养的适宜温度是26～27℃，相对湿度在85%左右。摘取桑树枝干上较为幼嫩的新叶，并保持叶片新鲜干燥。在投喂前将叶片洗净、擦干、切为小块，方便小蚕食用；用叶多少要依龄期与蚕数目而定。每天上午、中午、下午和晚上，各投喂一次。

蚕的排泄物为颗粒状，称为蚕沙。养蚕要保持蚕盒的干净卫生，需要定期除沙。当小蚕蚕体较小时，可将小蚕转移到另一个干净的纸盒中，除沙过程可借助毛笔，将原纸盒中的蚕沙及桑叶残渣清扫干净。

蚕在生长过程中会经历蜕皮，蜕皮时蚕体较弱，运动会减弱，这是正常现象，此时不要频繁地打开纸盒或是移动位置，以免干扰小蚕正常蜕皮。

➢ 4～5龄大蚕饲养

4～5龄蚕称为大蚕，5龄结束后，蚕将会进入蛹期，大蚕期是蚕进行物质积累的关键时期。

培养的适宜温度为25℃，相对湿度在85%左右。

大蚕期是丝腺成长和物质积累的关键时期，用叶除了保持新鲜与干燥外，还要选用一些较为成熟的叶片，以保证形成丝茧的韧度，同时加大投叶量，达到良桑饱食的目的。

此时蚕体较大，排泄物增多，需要加大除沙的频率，并合理安排空间，当蚕体过大较为拥挤时，要及时更换纸盒。

（3）蛹期

五龄末期的蚕，停止摄食，胸部开始透明，并排泄软粪，身体收缩，出现吐丝结茧的现象，这是其即将进入蛹期的特征。再经过大概4天，蚕就会完成结茧，变为蛹。蛹期并不需要饲养者进行其他的操作，只要继续保持环境的正常温湿度以及蚕盒内的清洁卫生即可。

(4)蚕蛾

结茧之后，蛹会在茧形成的安全环境中完成一系列生理与形态上的变化，发育成熟后即破茧而出，变成蚕蛾。它们的口器退化，不具有摄食能力，依靠之前储存的能量，雌、雄蚕蛾完成最后的使命——交配产卵，随着蚕卵的产出，蚕蛾的生命走向终结。

● 记录

在饲养过程中，按照表1-2中的内容及时间线做好相应的观察及记录。

表1-2 蚕的成长日记

生长阶段	时间 （x年x月x日—x月x日）	观察内容	记录 （文字加照片、视频等多种形式）
孵化期			
幼虫期			
蛹期			
蚕蛾			

● 观察记录的注意事项

孵化期：观察蚕卵颜色、大小的变化。

幼虫期：观察蚕体的体色、体长变化（包括外皮软硬、颜色、透明度等）；记录幼虫的活动特征（躯体运动、摄食量的变化、蜕皮、吐丝等）；分时期记录。

蛹期：外部的形态特征（包括茧和丝的特征记录）。
茧内部的蛹是什么样子？

蚕蛾：蚕蛾具有的特征（形态、活动）；
记录产卵过程和产卵数。

- 饲养过程的注意事项

（1）喂养蚕的桑叶一定是干燥的，蚕吃沾了水的桑叶会拉肚子甚至死亡。

（2）养蚕的地方不一定必须是正规的蚕室，但一定要保证清洁卫生。

（3）如果出现蚕不明原因死亡，则应立即将死蚕清除并立即将剩余的蚕转移到干净的纸盒中，不能对着活蚕直接喷洒消毒剂或者药粉。

参考文献

[1] 周长林. 微生物学[M]. 4版. 北京：中国医药科技出版社，2019.

[2] 林建平. 微生物工程[M]. 杭州：浙江大学出版社，2002.

[3] [美]罗伯特·K. G. 坦普尔. 中国：发明与发现的国度——中国科学技术史精华[M]. 陈养正，等译. 南昌：21世纪出版社，1995.

[4] 杨爱春，霍静. “科学”与“艺术”结合的博物馆教育活动设计探索——以“认识自然界中最明艳的宝石——花器官”为例[J]. 自然科学博物馆研究，2017，2（S2）：49-52.

[5] 楚玉荣，官凌涛. 近亲结婚的危害与遗传病的发病率[J]. 生物学教学，2004（2）：55-56.

[6] 李湘涛. 蝴蝶[M]. 北京：文化艺术出版社，2007.

[7] 刘敦愿. 中国古代对于蛙类的食用和观察[J]. 农业考古，1989（1）：262-270.

[8] 杨小明. 中国古代没有生物进化思想吗?——兼与李思孟先生商榷[J]. 自然辩证法通讯，2000，22（1）：84-90.

[9] 廖伯琴. 风情万种的生物实验[M]. 北京：化学工业出版社，2017：64-67.

第2章

别样生存有法

自然界不仅有枝繁叶茂的植物、活泼可爱的动物，还有肉眼难辨的微生物。不同的生物在自然界中有不同的生存方式，有的生活在水中，有的翱翔于天空；有的相互竞争，有的互利共生。不同的生存特点与其自身的形态特征和生活环境相互适应。

本章将通过祖辈对生物生存特点实例的记录，认识这些实例背后的生物学原理，以及我国传统文化中利用生物生存特点改造人们的生活起居的相关内容。

2.1 自然选择，适者生存

“物竞天择，适者生存”是自然界生物优胜劣汰的生存规律。生物的生存需要基本的物质保障，在斗争中占据优势或者能够很好地保护自己的生物，幸存下来的机会就大大增加，即适者生存。生物在长期的自然选择过程中，进化出了一系列的“生存绝招”，形成了多种类型的自我保护机制，如图2-1所示为一种与树枝颜色一致的尺蠖。

《晏子春秋》中记载：“尺蠖食黄则黄，食苍则苍”。古人对昆虫的观察很细致，注意到动物与与其进食的食物颜色相一致，能更好地适应环境。再如全身翠绿的纺织娘，可以隐身于嫩枝和绿叶之间（图2-2），翅膀的样式与叶片的脉络非常相似，不仅在形态上模拟，还在颜色上模拟，这样的模拟能保护其不易被敌害发现。一些动物在形状、色泽、斑纹等外表上与其他生物相似的现象，或是生物在形态和体色上模拟其生活栖息的环境，逃脱捕食者的袭击的现

图 2-1　与树枝颜色一致的尺蠖

图 2-2　隐身于树中的纺织娘

象，这些统称为拟态。

拟死是一些动物在受到惊扰时，保持静止或者跌落地面呈“死亡”状态，迷惑捕食者，借以逃脱危险的现象。例如，某些蜘蛛在受到惊扰时，会放松身体，静止不动，呈现一种“死亡”状态（图 2-3）。

拟势是一些动物受惊扰或袭击时，显示异常的姿态或色泽，以威吓其他动物的一种现象。与拟态和拟死不同的是，拟势是一种较为主动的防御行为。例如中华螳螂在遇到敌害时，展开双翅，向上翘起（图 2-4），以显示自己威武雄壮，从而惊吓敌人。

图 2-3　拟死状态的蜘蛛

图 2-4　展翅的中华螳螂

图 2-5　黄蜂

自然界中也有生物使用警戒色来保护自己。自然界中的一些具有较强毒性的生物，往往具有鲜艳的色彩和斑纹，这种色彩和斑纹起到警示其他生物的作用。例如，竹叶青、原矛头蝮等有鲜艳花纹的毒蛇；毒蝇伞、鹿花菌等颜色鲜艳的毒蘑菇；有螯针的黄蜂身上有黄黑相间的横纹（图 2-5）等。

生物普遍都会发生不定向的变异，但在特定环境中，对生物生存有利的变异被保留下来，其他不利于生存的变异会逐渐被淘汰。也可以理解为，自然环境中的具体条件对生活于其中的生物，具有选择的作用。

2.1.1 “草盛豆苗稀”里的适者生存

魏晋时期的“田园诗人”陶渊明，在《归园田居（其三）》中写道：“种豆南山下，草盛豆苗稀。晨兴理荒秽，带月荷锄归。”陶渊明“晨兴理荒秽，带月荷锄归”，为什么还“草盛豆苗稀”呢？

阳光、水分和肥料（即营养物质）是植物生长的重要影响因子。在一定区域中，这些因子的量是有限的。杂草和豆苗在生长繁殖的过程中，共同争夺有限的生活资源，形成了竞争关系。杂草利用光、水、肥的能力比大豆强，因而其生长速度快；杂草的结实率高，一株杂草繁殖的种子远远多于一株大豆产生的种子；杂草种子的成熟期比栽培作物早，且成熟期也不一致，因而，在同一时期，田地会出现正在开花、正在结实和已经成熟三种状态的杂草。脱落的杂草种子飘散于田间，又可继续繁殖，因而，杂草一年可繁殖数代；另外，杂草还可通过根、茎、芽进行无性繁殖。因此，在杂草与豆苗的竞争中，杂草更具优势，呈现出“草盛豆苗稀”的景象。

自然界中生物之间的竞争，通常可以分为种内竞争和种间竞争。

同种生物个体间为争夺共同的资源或空间而进行的生存斗争，就是种内竞争。当物质资源充裕时，和平共处；当物质条件有限时，由于同种生物有着相同的物质需求，它们相互争夺资源，形成种内竞争。在单位面积中，同种生物的密度大小会影响竞争的激烈程度，密度越大，竞争也就越激烈。例如，一块农田中的玉米会相互争夺阳光，长势较好的玉米会遮盖长得矮的玉米，甚至抑制矮玉米的生长。因此在农业生产中，需要合理密植。

合理密植

在单位面积的土地上，栽种作物或树木时密度要适当，行株距要合理。

种间竞争是不同种的生物之间为争夺空间、食物等生存资源，产生的一种直接或间接抑制对方的现象。在种间竞争中，常常是一方取得优势，而另一方受到抑制甚至消灭。例如一片森林中，不同的植物之间会争夺生存所需的阳光和水分等物质资源。除此之外，

某些植物通过向体外分泌代谢过程中的化学物质，对其他植物产生直接或间接的影响。例如，一种多年生菊科的杂草，会分泌一种苯甲醛物质，抑制相邻的番茄、胡椒和玉米的生长。旱稻的根系分泌的化学物质对羟基肉桂酸，会抑制其他旱稻幼苗的生长。

领地是动物种内竞争的主要因素。许多动物都有占据领地的行为，也就是动物占据一定的地理区域，防止其他个体入侵。领地为个体提供足够的物质资源和育雏繁殖的生活空间。“几处早莺争暖树”表现的是动物种内竞争的现象。成语“鸠占鹊巢”也是对动物间竞争领地的描述。竞争对种群的数量起着一定的调节作用。

在自然界中，竞争是一种极其普遍的现象。无论是种内竞争，还是种间竞争，对于生物种群的发展都有一定的促进作用。

2.1.2 天生有用——苏州园林里的适者生存

中国园林建筑艺术是中国灿烂的古代文化的组成部分。风格独特的中国古典园林被举世公认为世界园林之母、世界艺术之奇观，其艺术精湛、独树一帜的造园手法被西方国家所推崇和摹仿。

苏州气候温暖湿润，最早在春秋时期作为吴国的首都时，就有了雄厚的经济基础，在经历宋元明清几个朝代的发展后，苏州已成为全国最为富庶的“鱼米之乡”之一。

漫步于苏州园林（图2-6），你会发现，园林处处可见动静结合的水景，或是涓涓细流，或是飞瀑，或是池塘，在池塘中总会扑腾

图 2-6　风景宜人的苏州园林

图 2-7　池塘中的锦鲤

着颜色靓丽的锦鲤（图2-7）。

锦鲤是鲤鱼的变种，是人工干预培养出来的观赏鱼品种，保留了普通鲤鱼适应力强的特性。锦鲤耐寒、耐碱、耐低氧，以天然的真菌、藻类和小虫子为食，对水体的要求并不高，只要水域没有被严重污染，就能生存。气候温暖的苏州，为锦鲤的生存提供了绝佳的生存环境。放养锦鲤可以用来清理水中的杂质，锦

鲤在苏州园林中的生存反映出其具有较强的存活能力，是适者生存的一个好实例。

2.1.3 躬行实践——观察生物的拟态

自然界中的生物为了能够逃避天敌的捕杀，进化出了一系列的“绝招”，其中，拟态是最为普遍的一种。除动物外，植物也有拟态，但对植物拟态的研究较少。例如沙漠地区的“石生花”，因其植物体与鹅卵石相似，可以逃脱动物的捕食。拟态是生物适应环境的一种表现，是长期自然选择的结果，对生物的生存有着十分重要的意义。

接下来，我们就一起观察一种常见生物——竹节虫的拟态。

竹节虫常生活在竹林或以香樟、大叶桉为主的乔木所组成的混交林。竹节虫具有模拟竹节，饲养、繁殖容易，而且干净无臭。早在19世纪初，就已经被人们作为宠物饲养。

观察“伪装大师”竹节虫

- **竹节虫的饲养**

在宠物市场，一般会在水族箱中饲养竹节虫。水族箱用塑料网（或尼龙网）做盖子，保持空气流通（太潮湿竹节虫的腿会粘在一起）。

竹节虫吃树叶，只要在水族箱中插上一些植物枝条，每3～5天换一次新枝，同时还需同步喷水，并定时清扫水族箱，保持洁净即可饲养。

竹节虫生长过程中经历5～6次蜕皮，寿命一般为6个月，在条件适宜时，一个学期的时间（约4个月时间）内就可以观察到竹节虫从卵到成虫，完成一个生命周期的过程。

在缺少食物的时候，竹节虫会吃掉同类，一般强壮的会吃掉弱小的。

● 观察竹节虫的外形结构

竹节虫形状似竹节，身体较修长，一般体长6～24cm，体色呈现深褐色，少数为绿色或暗绿色。头卵圆形略扁，触角短或细长，胸部和腹部细长，细长的6足紧靠身体时更像竹节。如图2-8所示。

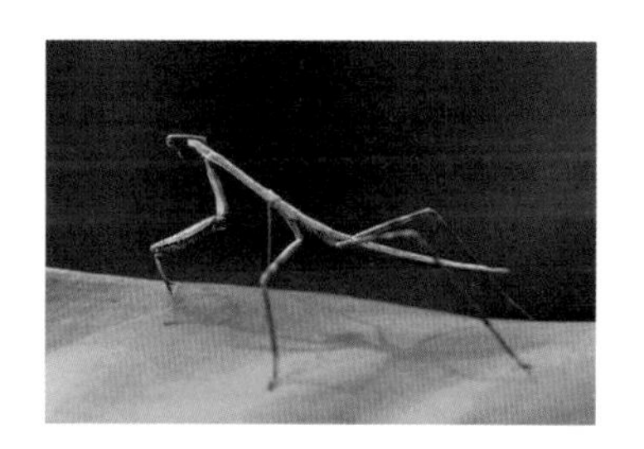

图2-8　竹节虫的外形

● 解释竹节虫的性状与环境的关系

竹节虫的形态和体色与周围环境中的树枝极其相似，当其爬在植物上时，能以自身的体形与植物性状相吻合，使人难以发现，借此竹节虫能够巧妙地躲避天敌的捕杀。有些竹节虫受惊后落于地上，装死不动，然后伺机溜走。除此之外，它还能根据环境中的光线、温度和湿度来调节自身的体色，使其完全融入周围的环境。

2.2 螳螂捕蝉，黄雀在后

“螳螂捕蝉，黄雀在后”最早出自《庄子 · 山木》，刘向的《说苑 · 正谏》中也写道：“园中有树，其上有蝉。蝉高居悲鸣饮露，不知螳螂在其后也；螳螂委身曲附欲取蝉，而不知黄雀在其旁也；黄雀延颈欲啄螳螂，而不知弹丸在其下也。”“螳螂捕蝉，黄雀在后”比喻只图眼前利益，却不知祸害即将来临。实际上，这是自然界最为常见的捕食现象，生物学家把这种由捕食与被捕食的关系而形成的链状关系叫作“食物链”。

图 2-9 螳螂食蝉

在“螳螂捕蝉，黄雀在后”的食物链中，当螳螂发现蝉的踪迹时，便会利用刺钩状的前足牢牢地钳住猎物，使其难以逃脱，最后蝉便成了螳螂的“盘中餐”，如图2-9所示。黄雀虽以植物性食物为主，但是也会食用一些小型昆虫。在螳螂享用美味的时候，黄雀已在后面翘首以待，不经意间，螳螂已被黄雀捕食。蝉吮吸树木的汁液，螳螂捕食蝉，黄雀又以螳螂为食，这一串的食物关系形成了食物链。

在先秦时期，人们就已经对食物链有了一定的认识，并且尝试将其应用到生产实践中。《礼记 · 郊特牲》有这样的记载：“迎猫，为其食田鼠也；迎虎，为其食田豕也”，这充分表明古人已经使用食物关系来达到驱除有害动物的目的。庄子关注自然万物，发现不同种类的生物之间会由于食物的关系而联系在一起。

2.2.1 用食物链解释捕食与被捕食的关系

自然界中，生物之间的食物关系是最普遍的一种关系。各种生物之间通过吃与被吃的关系连接在一起，形成食物链。食物链也称为“营养链”。例如鹰吃蛇，蛇吃青蛙，青蛙吃蝗虫，蝗虫吃植物。多个食物链交织在一起就形成了食物网。

生物的生存都需要能量，而自然界中的一切能量最初都来源于太阳，太阳是万物之源。像植物那样能直接利用阳光和无机环境中的碳源，合成有机物来维持生活的营养方式叫做自养，这类生物称为自养生物。不能直接合成有机物，必须摄取现成的有机物来维持生活的营养方式叫做异养，像动物就属于异养生物。自养生物能固定太阳的能量，异养生物通过吃植物或其他的生物来获取能量，以维持其生命活动。根据被吃生物的特点，自然界中的食物链可分为三种基本类型，即捕食食物链、腐食食物链和寄生食物链。

自养生物

以无机物为营养和可自行制造有机物供自身生长需要的生物。包括多数的绿色植物和化能自养细菌。

异养生物

自身不能合成有机物，必须以外源有机物为食物，通过分解氧化有机物来获取能量的生物。包括动物、大多数种类的细菌、营腐生生活和寄生生活的真菌。

中国传统上有这样一句俗语：大鱼吃小鱼，小鱼吃虾米，虾米吃泥巴，这就是一种捕食的食物关系。体型大的鱼类以个体小的鱼作为食物，小一点的鱼又以虾米为食，虾米吃水和泥土中的藻类，这种吃与被吃的食物关系将各个生物联系在一起，形成了链状结构。自然界中的这种捕食关系随处可见，灌木丛中的昆虫以植物枝叶为食，小型鸟类又以昆虫为食，像鹰之类的大型鸟类又将小型鸟类作为食物，如图2-10所示。

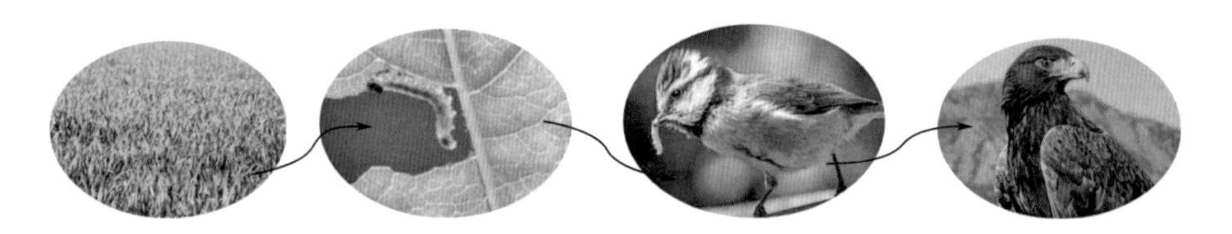

图 2-10　捕食食物链

捕食食物链是最典型的一种食物关系。前一营养级上的生物被后一营养级上的生物所捕食，并从前一营养级获得生存所需的各种营养物质。前一营养级上的生物称为被捕食者，后一营养级上的生物称为捕食者，通过这种捕食与被捕食的关系，营养物质和能量逐级流动。

营养级

在食物链某一环节上的所有生物的总和，称为营养级。

2.2.2 天生有用——稻田养鱼与生物防治

稻田养鱼（图2-11），因其投资成本低、经济效益高而获得人们的青睐。我国是世界上稻田养鱼发展最早的国家。《魏武四时食制》中有记载：“郫县子鱼，黄鳞赤尾，出稻田，可以为酱。”唐代刘恂的《岭表录异》中也有描述：“新泷等州山田，拣荒平处以锄锹开为町畦。伺春雨，丘中聚水，即先买鲩鱼子散于田内。一二年后，鱼儿长大，食草根并尽。既为熟田，又收鱼利，乃种稻且无稗草，乃齐民之上术也。”从这些可以看出，我国古人已经知道稻田养鱼的好处。

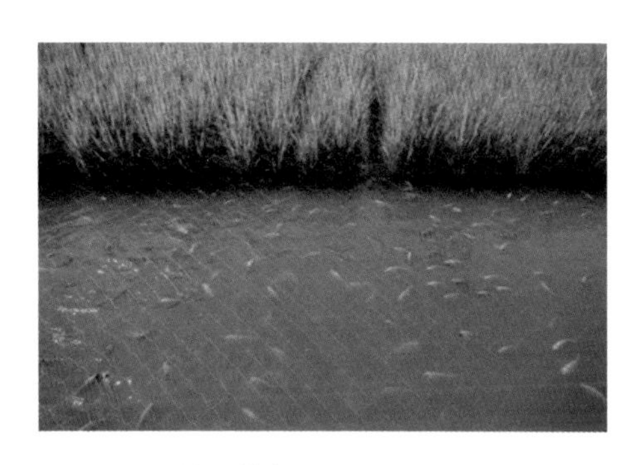

图 2-11　稻田养鱼

稻田中的水稻通过光合作用，制造有机物，把光能转化为化学能，储存在稻草和稻谷当中。稻田中的其余植物，如杂草等也同样固定太阳能，制造生长所需的有机物。杂草与水稻形成竞争关系，争夺生存所需的阳光、水分和营养物质。传统的方法需要将稻田中的杂草拔除，促进水稻的生长。但是杂草也吸收了土壤中的养分，拔除浪费了杂草所生产的有机物。从物质与能量的流动来看，这是一种不经济的作物种植方式。而“稻田养鱼”能避免这种能量的流失。

当稻田中引入养殖的鱼后，取食大量的杂草，此外，鱼还会吃掉稻田中的害虫，害虫也作为营养物质流向鱼产品。稻田中鱼类的排泄物可以作为一种有机养料供给水稻生长，鱼类的活动可以避免稻田中的有机碎屑沉积，使其更充分地被细菌等微生物分解利用，供给水稻生长。鱼在水中的活动还能起到松土翻田的作用，增加水中的溶解氧量，为水稻的生长创造更为良好的环境条件。利用稻田养鱼，既可获得新鲜美味的鱼产品，又可利用鱼排泄的粪便供给水稻生长，同时，鱼还能吃稻田里的害虫，为水稻的生长创造良好条件。这样一种养鱼机制，既能减少农药和化肥的使用，减少对环境的危害，同时还能促进鱼和水稻的良好生长，具有良好的经济效益，成为一种备受推崇的作物方式。

“稻田养鱼”这样一种稻田生态系统，充分利用了物质能量的流动，使能量沿着食物链流向对人类有益的方面，防止了能量的浪费。

晋代嵇含在《南方草木状》中记载：“交趾人以席囊贮蚁鬻（yù）（卖）于市者。其窠如薄絮，囊皆连枝叶，蚁在其中，并窠而卖。蚁，赤黄色，大于常蚁。南方柑树若无此蚁，则其实（果实）皆为群蠹（害虫）所伤，无复一完者矣。”意思是南方的柑橘树上有一种害虫，专门危害果实，而有一种虫蚁正好可以防治这种害虫，如果没有这种虫蚁，橘子会被害虫吃得无一完好。这种用虫蚁防治害虫的方法，是已知最早的生物防治的实例。“以虫治虫”的生物防治方式对农业的发展有着积极的作用，现在已得到较为普遍的应用。例如螳螂、瓢虫、蜘蛛和鸟类是使用最为普遍的害虫天敌（图2-12）。它们是人类的朋友，帮人类驱除害虫，人类应该保护它们。

图 2-12　生物防治

在农业生产中，为了防治害虫，会使用杀虫剂遏制害虫，减少损失，但杀虫剂的使用会污染环境，对人类的身体健康造成威胁；长期使用杀虫剂还会使害虫产生耐药性，不仅在研发杀虫剂上需要投入更多的人力、物力，杀虫剂的使用剂量也越来越大，甚至富集在环境中危害人畜的健康，最终形成恶性循环。“生物防治”不仅可以产生良好的治虫效果，而且还能减轻对环境的危害，现已成为农业生产中广泛推广的一种治虫方式。

2.2.3　躬行实践——找找有几条食物链？

食物链和食物网是生态系统的基本营养结构。食物链在生态系统中具有极其重要的作用，它使各种动植物之间相互依存、相互制约，对生态系统平衡起着调节的作用。接下来，就在我们生活的环境中找找食物链吧！

找找一共有多少条食物链

- 选择场地

学校或家周边的农田或池塘生态系统。

● 观察对象

农田或池塘生态系统中生物间的食物关系。

● 生物统计

统计所观察生态系统中的生物种类，观察各个生物间的食物关系，写出观察到的食物链。

注意，食物链可以用图片或者文字表现出来，由于营养物质是从被吃的生物进入到捕食者的，所以箭头应该是从被吃的生物出发指向捕食的生物。

● 分析整理

数数一共有几条食物链，以及各个生物在食物链上的位置和所处的营养级。

2.3　相生相克，相依为命

自然界中的生物并不是相互孤立的，它们之间存在各种各样的关系。有的互助互利，相依为命；有的互相“残杀”，相生相克。

早在我国古代，人们就已经观察到生物间“相生相克，相依为命”的现象。《左传·襄公·襄公二十九年》曾记载“松柏之下，其草不殖”，晋代嵇含在《长生赋》中也写到，“松柏之下，不滋非类之草”，描写的就是植物间相互抑制的关系。《齐民要术·种麻》记载“慎勿于大豆地中杂种麻子”，产生这种现象的原因是“扇地两损，而收并薄”。此处表明，在大豆地中不适合种麻子，麻类作物的根系对豆科植物有抑制作用，不利于作物的生长。古人不仅观察到这些相互抑制的生物学现象，还将其利用到生产实践中。古人已开始利用植物和杂草的相克关系来除杂草。《吕氏春秋》中记载“桂枝之下无杂木”。《格物粗谈》中也有记载：“桂花作屑，布砖阶缝中，不生草。”古人开始利用桂屑来抑制杂草生长，此外人们还常常利用芝麻对杂草的抑制作用来进行除草。

生物间除了相互抑制外，还存在相互生发、互助互利的关系。北魏农学家贾思勰在《齐民要术》就记载了在桑树下种植绿豆和赤小豆，不仅种植出来的两种豆类长势好，豆类还可以滋养桑树，桑叶也更有光泽。“瓜豆同种”，大豆可以为瓜起土，等到瓜生长有数枚叶子时，把豆苗掐断，但不要连根拔去，能收到良好的效果。利用我们现在已有的知识分析，大豆根部具有根瘤菌，根瘤菌与大豆共生在一起，根瘤菌具有固氮作用，能将空气中的氮元素转化为大豆生长所需的营养物质供给其使用，而大豆则通过光合作用制造有机物提供给根瘤菌，两者之间形成一种互利互惠的关系。将瓜和大豆种植在一起时，大豆中根瘤菌的固氮作用，使土壤中的营养物质增多，更有利于瓜类等其他农作物的生长。清代还有人将这种方法运用到水稻的生产上，“若种早秔（jīng）恐春寒不能出土者，用杀青法（以蚕豆一粒，与谷五粒同种，使弱谷随豆苗一齐出土，俟豆长四五寸，掐（tāo）损豆茎，使烂汁养苗，则禾更

肥）”。除植物外，动物间也具有相依为命的现象。南宋《嘉泰会稽志》中曾说“其间多鳙（yōng）、鲢、鲤、鲩（草鱼）、青鱼而已”，表明当时人们已经开始将鱼进行混合养殖。到了明清时期，人们已经充分认识到家鱼混养的优越性。明代宋诩写到，“白青鱼食草，鲢鱼三种：细头、大头（即鳙）、金丝，皆食青鱼之秽，必宜并畜……黑青鱼者食螺蛳，并畜于池与食易肥。白鱼、鳊鱼易长”。这充分表明动物间互惠互利的关系。《吕氏春秋》中记载：齐有善相狗者，其邻假以买取鼠之狗。《晋书·刘毅传》也指出狗“既能攫兽，又能杀鼠”。

古人不仅观察到了生物间相生相克的关系，还用于提高产量，改善人们的生产生活。

2.3.1 《齐民要术》中最早的抗生素

《左传》中记载：“叔展曰：有麦曲乎？曰：无。……河鱼腹疾奈何？”这说明春秋末期已经用麦曲来治疗消化系统的疾病。在北魏时期，贾思勰的《齐民要术》中记载了一种具有治疗腹泻、下痢功效的神曲，它应该算是最早的抗生素了。神曲在制曲的过程中，曲的表面有青霉菌生长，虽然古人并不知道青霉菌产生青霉素，但已经用其抗击腹泻等细菌导致的疾病，因此，也就表现出神曲具有一定的药用价值。如图2-13所示为一种曲砖。

《本草拾遗》中记载，屋内墉下虫尘土和胡燕窠（kē）土能治疗疮痈（chuāng yōng）等恶疾，也是利用尘土中微生物所产生的物质治疗疮痈。《天工开物》中曾有这样的描述："凡丹曲一种，法出近代……世间鱼肉最朽腐物，而此物薄施涂抹，能固其质于炎暑之中，经历旬日蛆蝇不敢近，色味不离初，盖奇药也。"也就是利用丹曲作为一种防腐剂。这里的"丹曲"也被称作"红曲"，用作食品防腐剂、调色剂、风味添加剂。现在已将其命名为红曲霉。明代李时珍的《本草纲目》中也有利用"红曲""神曲"来治疗疮和湿热等疾病的记载。

图 2-13　曲砖

虽然古人不知道利用"神曲"等物质来治疗疾病的机理，但是这些方法确实在我国的传统文化中占有了一席之地。随着科学技术和医疗技术的发展，抗生素的治病机理逐渐得以阐明，抗生素可以抑制或杀灭进入机体的病菌，使感染得以控制。抗生素的出现挽救了无数人的生命。但随着抗生素的广泛使用，出现了相对应的抗生素耐药菌，使得抗生素的研发仍然是生物学家，尤其是微生物学家的重要使命。

2.3.2　天生有用——微生物的拮抗

两种微生物生活在一起时，一种微生物分泌的物质会抑制或杀死另一种微生物，这种现象被称为微生物的拮抗作用。拮抗作用在微生物界是极其普遍的。例如，腌制泡菜就是利用了乳酸菌对其他微生物的拮抗作用。

图 2-14　腌渍酸菜

我国古代就有腌渍酸菜（图2-14）的做法，这样既能长时间地保藏蔬菜防止腐败，还能有效降解蔬菜中的营养物质，更有利于人体消化吸收。《诗经》中有记载："中田有庐，疆场有瓜。是剥是菹（zū），献之皇祖。"此处的"菹"是腌制菜的意思。蔬菜经过腌渍能够长时间保存，是因为其中引起腐败的微生物被抑制生长或被杀死。如腌渍酸菜需要在密闭的环境中进行，在制作过程中起关键作用的是乳酸菌。乳酸菌是一种厌氧性细菌，在密闭的环境中，乳酸菌进行无氧呼吸产生乳酸和其他有机酸，乳酸的积累会抑制环境中其他微生物的生长，可见腌渍酸菜的原理就是利用了微生物的拮抗作用。

微生物的拮抗作用有着广泛的应用价值，药用植物的根、茎、叶、花、果实和种子等组织器官的细胞或细胞间隙中有各类内生菌，例如生姜的内生菌对大肠杆菌、金黄色葡萄球菌等微生物均有不同程度的抑制作用。微生物的拮抗作用也被用来治理水域、土壤等环境中的有害微生物。

微生物的拮抗作用还可应用于植物的病害防治等多个领域。例如，在种植甘薯时，将甘薯幼苗浸渍在与萎蔫病菌同种的、无致病性的尖孢镰刀菌的悬浮液中进行接种，幼苗插播生长的结果显示萎蔫病的发病率明显降低。

在医学上，从微生物的代谢产物中提取和开发的抗生素挽救了无数的生命，使人类平均寿命提高了10年，是现代医学最重要的成果之一。

微生物的拮抗作用有着广阔的应用前景，在未来将会涉及更多的领域，对人类将产生更大的价值。

培养基

指供给微生物、植物或动物（或组织）生长繁殖的，由不同营养物质组合配制而成的营养基质。一般都含有碳水化合物、含氮物质、无机盐（包括微量元素）、维生素和水等。

2.3.3 躬行实践——观察手上的微生物

人类与微生物相互依存、相互制约，处于一种动态平衡。绝大多数微生物对人类、动物及植物都是有益的，而且是必需的。在我们日常生活中的酒、醋、酱油、各种腌制品，都利用了微生物发酵。可以说，没有微生物就没有我们现在的世界。

观察手上的微生物

● 材料准备

配制好已灭菌的微生物培养基。

● 手上微生物的接种

接种：将皿盖开一个小缝隙，用手指在培养基上轻轻涂抹，然后及时盖上皿盖，如图2-15所示。

图2-15 手指微生物接种示意

（注意：如果没有配制培养基的条件，可以用面包片等可以给微生物提供营养的材料替代，同时避免环境中其他微生物的干扰，可以将面包片置于洁净的自封袋中，同时做好空白对照）。

● 培养

微生物的生长需要一定的温度、时间和渗透压条件。因此，需要在恒温箱中对细菌进行培养，30～37℃下培养3～5天。在放入培养基的时候，需要将一个未接菌种的空白培养基放入恒温箱中培养，以观察培养基是否被污染。

● 观察结果

在培养基上生长的微生物菌落有不同的颜色，从菌落的大小、颜色和形态可以初步判断微生物的主要类别。

细菌菌落比较小，而真菌的菌落相对要大一些。细菌的菌落一般是白色、黄色或透明，细菌菌落颜色比较淡，真菌菌落的颜色更加丰富，一般有绿色、黑色、褐色、黄色等多种颜色。

细菌菌落表面一般光滑黏稠，或粗糙干燥。而真菌菌落呈毛茸茸的，或者像蜘蛛网一样，甚至还有絮状。

观察培养结果，得出手指上的微生物主要是细菌，如图2-16所示。

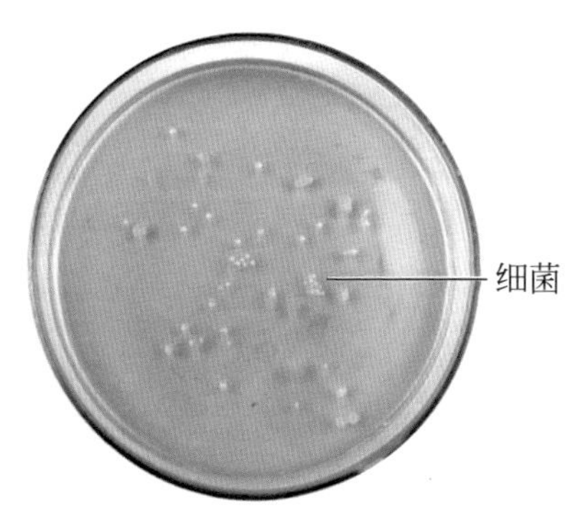

图 2-16　手指微生物培养结果示意

参考文献

[1] 聂琴. 天人之际：中国哲学与中国文化[M]. 云南：云南大学出版社，2004：178.

[2] 柏家栋. 有趣的生物学1[M]. 重庆：重庆出版社，1999：153-154.

[3] 曹涤环. 动物适者生存的“绝招”[J]. 农药市场信息，2019（11）：63-64.

[4] 罗农. “种豆南山下 草盛豆苗稀”[J]. 新疆农垦科技，1989（2）：47-48.

[5] 李博. 生态学[M]. 北京：高等教育出版社，2000：100.

[6] 李书剑. 苏州园林[M]. 吉林：吉林文史出版社，2010：35-47.

[7] 朱晓林. 动物的“绝招”[J]. 林业与生态，1997（1）：27.

[8] 徐大荣. 竹节虫的人工饲养和野外观察[J]. 生物学教学，1992（3）：31-32.

[9] 陈志兵. 家庭趣味养虫[M]. 上海：上海科学普及出版社，2004：6.

[10] 尹钢. 彩色图说青少年必知的动物系列[M]. 北京：北京工业大学出版社，2013：156.

[11] 李笑群. 神奇的动物世界[M]. 吉林：吉林人民出版社，2012：187.

[12] 本社. 本草纲目[M]. 昆明：云南教育出版社，2010：313.

[13] [唐]刘恂. 岭表录异[M]. 广州：广东人民出版社，1983：7.

[14] [晋]嵇含. 南方草木状[M]. 广州：广东科技出版社，2009：41.

[15] 孙智敏. 植物的相克相生[J]. 化石，1996（02）：28.

[16] [明]宋应星. 天工开物[M]. 钟广言注释. 广州：广东人民出版社，1976：428.

[17] 佚名. 抗生素在我国古代的应用[J]. 浙江中医杂志，1985，20（8）：383.

[18] 陈华癸，等. 土壤微生物学[M]. 上海：上海科学技术出版社，1981：247-248.

第3章 民以食为天

俗话说：“民以食为天。”人类的生存，不仅需要从外界获取食物，还需要合理安排膳食，才能为身体健康提供基本保障。水稻、小麦作为我国最早驯化养殖的作物，其种子加工成的米和面富含丰富的碳水化合物，是我国人民的传统主食。

在本章，我们将通过了解中国传统饮食文化，一起来认识其背后的生物学原理。

3.1　神农传粟，袁老化谷

相传中国上古部落首领神农氏带领氏族成员认识到植物的生长和繁殖规律，对野生植物进行选育，找到了满足需求的栽培作物。

粟（图3-1）在我国粮食作物中的种植历史最悠久。据考证粟的祖先是“莠”，又叫狗尾草（图3-2）。这些长势旺盛的野生狗尾草，在自然条件下不断变异，结合人们有意识的选育过程，逐渐获得了穗多粒满的粟。

图3-1　粟

图3-2　莠

中国是稻米（图3-3）的故乡，稻米的耕种与食用历史都很悠久，稻米与人们的生活息息相关，是我国传统主食的代名词之一。稻米也是现今世界上最重要的食物之一。在80亿人口的地球上，近60%的人口以稻米作为主要粮食。

图3-3　大米

随着社会的发展，人口数量的不断增加，近40年，粮食短缺问题成为全球性的危机。曾在2014年，粮农组织发布的《粮食不安全状况2014》报告指出，世界饥饿人口已达10.2亿，创历史最高水平。

在人类发展的关键时刻，现代“神农”袁隆平奉上了解决全球饥饿问题的法宝——杂交水稻，显著提高了水稻的总产量，袁老的“东方魔稻”的奇迹让中国人看到生的希望，也让世界人民远离了饥饿，创造了一个风靡世界的“绿色神话”。

水稻是典型的自花传粉的作物，雌雄同花。利用雄性花药不育的特性，通过异花授粉的方式来生产出大量杂交种子。袁隆平1953年毕业于西南农学院（2005年更名为西南大学），从1964年发现“天然雄性不育株”算起，袁隆平和助手们花了大约6年时间，先后用1000多个品种，做了3000多个杂交组合，仍然没有培育出理想的品系。

袁隆平没有气馁，总结了6年来的经验教训，根据自己观察到的不育现象，提出了“远缘的野生稻（亲戚关系更远）与栽培稻杂交”的新设想。袁隆平带领助手于1970年11月23日在海南岛的普通野生稻群落中，找到一株雄花不育株，经过不断地选育后，获得了水稻不育系，为杂交稻研究带来了新的转机。

随后，袁老毫无保留地及时向全国育种专家和技术人员交流他们的最新发现，并慷慨地把历尽艰辛才得到的水稻不育系“野稗”奉献出来，分送给有关单位进行研究，发动更多的科技人员协作攻克难关。1998年，袁隆平提出选育超级杂交水稻的研究课题，在海南三亚农场基地，袁老率领着一支由全国十多个省、区成员单位参加的协作攻关大军，日夜奋战，进一步攻克了杂交水稻的难关。

从1964年到1999年，经历了三十多年的艰苦努力，超级杂交稻在小面积试种获得成功，并在西南大学等地引种成功，创建了超级杂交稻技术体系。杂交水稻也被誉为“第二次绿色革命”。

古有神农带领氏族成员种植五谷，今有袁老研制杂交水稻新品种增加产量，虽然神农和袁老处在不同的年代，但他们的选育作物的工作极大地促进了人类社会生产力的发展，让人类不再经受饥饿。

3.1.1 中国传统农作物的驯化

人类的祖先靠原始采集和狩猎为生，从采猎到农耕的变化，首先需要解决的问题是野生植物的驯化。在日常劳动中，人们发现散落在土壤中的植物种子在适宜的条件下，随着气候变化能发芽、抽穗、开花、结实等，发生周期性变化。经过常年对这些现象的观察，人类的祖先开始尝试种植那些可食用的野生植物。经过不断地尝试和探索，逐步积累了植物栽培的经验，这就是作物驯化的过程，他们开创了人类原始的种植活动。

驯化

驯化是指在人工选择条件下，生物体的性状向人类所要求的方向变化的过程。农作物的驯化是一个复杂的进化过程，在遗传变异的基础上，经过人为选择干预，最终获得符合人类生产生活需要的作物品种。

我国古代的劳动人民首创了通过营养器官进行繁殖的方法，如分根、压条、扦插和嫁接等。《诗经》就有“折柳樊圃”的记载，在那个时代已经发明了扦插繁殖技术。《食经》也载有独辟蹊径的“种名果法”：把枝条插入到芋或芜菁肥大的球茎根中，枝条利用后者中贮藏的水分和养分进行生长，一年即可达到用种子繁殖3 ~ 4年的效果。《齐民要术》卷四《插梨》中，就是把梨树枝条插入去头梨树上，其中的“插”即嫁接。

大豆在中国已有五千多年的栽培历史，是我国早期驯化的作物之一，在我国有着丰富的地方品种。早在3000多年前商朝甲骨文就有菽的象形文字，描述出野生大豆缠绕在伴生植物上的特性。野

生大豆（图3-4和图3-5）是栽培大豆的近缘祖先种，在数千年的漫长岁月中，野生大豆通过变异积累，分化出多种类型，结合人工选择，逐渐进化出现代的大豆栽培品种（图3-6和图3-7）。

图3-4　野生大豆植株

图3-5　野生大豆

图3-6　大豆植株

图3-7　大豆

野生大豆的共同特性是茎细长蔓生、荚小、成熟不一致、易炸荚、不易吸水。因为人类有目的地选择和培育，野生大豆在植株形态和生理生态等方面分化明显，例如，从野生大豆中选育出具有短粗、直立、从生型茎秆的大豆；从果实籽粒中挑选出黄色、大粒、易吸水的；从荚果中挑选出大荚、成熟一致、不易炸荚的，这些特征的选择都以适宜栽培作为目的。

人类最初驯化农作物是有意无意地选择具有符合需要的植物品种，进行反复的播种选育后，逐渐培育成了优良种。人们将像野生大豆那样经过挑选、驯化成为栽培种的过程，称为选择育种。也就是说，选择育种是广大劳动人民在长期的生产实践中创造出来的选种方法。古人经过长期的选育，得到了丰富的作物品种。

但是，选择育种周期长、选择范围有限，人们在实践中又逐渐摸索出了杂交育种的方法，使得人们开始能够有选择地培育符合人类意愿的农作物。利用杂种优势育种是提高作物产量最有效的手段之一。

在人类社会的历史上，由于农作物的栽培驯化，人类可以不再依赖游猎和采集生活，这为人类的定居生活提供了条件，促进了人口的稳定增长。

3.1.2 天生有用——“五谷丰登，六畜兴旺”不简单

“五谷丰登、六畜兴旺”寄寓着人们对农业丰收与美好生活的向往与祈愿，我国古人很早就明白只有竭力从事农副业生产，才能使粮食、财富取之不尽、用之不竭。

我们的祖先根据自身生活的需要和对动物的认识，先后对马、牛、羊、鸡、狗和猪进行饲养驯化，经过漫长的岁月，逐渐驯化成为家畜。牛能耕田，马能负重致远，羊能供备祭器，鸡能司晨报

晓，犬能守夜防患，猪能成为宴席中款待宾客的食物，还有“鸡羊猪，畜之孳生以备食者也”。六畜各有所长，在悠远的农业社会里，为人们的生活提供了基本保障。

早在春秋时期，我国就有了杂交育种和对杂交优势利用的记载。春秋时期把公马配母驴生的骡子叫做“駃騠（jué tí）”，《淮南子·齐俗》中记载其为一种良马，在2400 ~ 2500年前的春秋战国时代虽已有骡，但当时被视为珍贵动物，只供王公贵戚玩赏用。至宋代尚不多见。明代以后才大量繁殖作为役畜。骡子的生命力和抗病力强，饲料利用率高，体质结实，肢蹄强健，富持久力，易于驾驭，使役年限可长达20 ~ 30年，役用价值比马和驴都高（图3-8 ~ 图3-10）。《齐民要术》记载了用于猪、羊、鸡等畜禽的遗传育种。古代我国劳动人民对家蚕遗传育种的认识，特

图3-8 马

图3-9 骡

图3-10 驴

别有价值的是明朝宋应星所著的《天工开物》，他在“乃服卷”中记载“凡蚕种有早晚两种。晚种每年先早种五六日出……今寒家有将早雄配晚雌者，幻出嘉种，一异也。凡茧色唯黄白两种。若将白雄配黄雌，则其嗣成褐茧”。这是世界上关于蚕杂种优势及茧色遗传最早的文字记载。

在生物技术高速发展的今天，将一种生物的优良性状移植到另一种生物身上，提高物种品质，实现增产、稳产，在基因工程技术的支持下也变成了现实。在基因工程中，将含有目的基因的序列与另一目标序列运用体外重组DNA技术进行重组，可获得全新组合的DNA分子。人们有目的地把一种生物的某种基因提取出来，放到另一种生物的细胞里，定向改造生物遗传性状，以创造出更符合人们需要的新的生物类型和生物产品。这种在DNA分子水平上进行设计和操作而培育出的生物被称为转基因生物。

基因工程自20世纪后期兴起后得到了飞速发展，在农牧业方面展示出广阔的前景。例如，1993年，我国科学家成功培育出了抗棉铃虫的转基因抗虫棉，其抗虫基因来自一种微生物——苏云金杆菌体内。苏云金杆菌能合成一种毒性很强的蛋白质晶体，能够杀死棉铃虫等鳞翅目害虫，并且不影响作物的正常生命活动。科学家将这一抗虫基因导入作物，使作物获得了抵御虫害的能力。目前，科学家已经培育出了抗虫棉、抗虫玉米和抗虫水稻等多种作物。这不仅减少了农药的用量、减少了农药对环境的污染，还可增加作物产量，大大降低生产成本。此外，科学家们还培育出了抗虫番木瓜、抗病辣椒等转基因作物。在畜牧业方面，科学家利用转基因技术培养出了转生长激素基因的鲤鱼和超级绵羊等多种转基因动物。

DNA（脱氧核糖核酸）

DNA是一种生物大分子，是生物细胞内携带有合成RNA和蛋白质所必需的遗传信息的一种核酸。其在生物体遗传、变异和蛋白质合成中具有极其重要的作用。

3.1.3 躬行实践——试试人工授粉

自然情况下，雄花的花粉落到雌花柱头上叫做授粉，例如，风和虫子可以把花粉传送到雌花的柱头上。而用人工的方法把植物花粉传送到雌花的柱头上就叫做人工授粉。人工授粉的目的主要是便于杂交育种，或者自然条件下由于授粉不足，需要人工协助，以获得需要的种子。

可以利用黄瓜花来体验人工授粉的过程，认识杂交育种。

一起试试人工授粉

- 选材

种植黄瓜（或者南瓜、葫芦、豌豆等），在黄瓜的花期完成人工授粉。如果没有栽种条件可以购买百合花等花结构清晰的材料，采集来的材料注意保持新鲜（可采用插入水中、用塑料袋密封等方式保鲜）。

● 用具

剪刀、纸袋、毛笔、棉签、白纸、玻璃器皿、细毛刷等。

● 去雄

黄瓜有雄花、雌花和两性花。

● 套袋

给只有雌蕊的花套上纸袋，密封，防止异花传粉。

● 采集花粉

待雌蕊成熟时，选择另一植株上成熟的雄花。

● 授粉

使用毛笔或者小棉签粘粉（防止一次粘起过多花粉。如果花粉比较大，可以适当沾点儿水，使花粉更容易被沾到毛笔或棉签上）。然后，将沾有花粉的棉签在花朵的柱头上轻轻擦过，让花粉粘到柱头上。

也可以提前收集花粉，将白纸靠近花朵雄蕊的下方，用细毛刷轻轻刷取，让花粉掉落。然后将花粉放置在一个大的纸片或者玻璃器皿中。如果花粉较轻，为防止被风吹散，最好放置在玻璃器皿中。

● 再套袋

完成授粉后，再套上纸袋。

人工授粉即完成。

⚠ 注意

如果植株是自花传粉的植物，即该植株的花为两性花，雄蕊的花粉落到同一朵花的雌蕊柱头上，就可以完成传粉。

这种自花传粉植株，在做杂交实验时，需要先用剪刀小心地除去未成熟花的全部雄蕊，以防止自花传粉。对于异花授粉植株，即同株或异株的两朵花之间传粉的植株，在花未成熟前套袋，等待雌花成熟，即可进行下一步骤。

3.2 丰隆赐美味，受嚼方呐呐

图 3-11 雷雨下的庄稼

“丰隆赐美味，受嚼方呐呐”出自魏晋诗人应璩的《百一诗·十八》。诗中的“丰隆”是指古代神话中的雷神和云神，“丰隆”也泛指雷和云。我国民间有谚语“雷雨发庄稼”（图3-11），用现代已有的知识解释就是在雷雨时候，能触发空气中氮气与氧气的一系列反应，反应生成的硝酸盐可作为庄稼生长所需的肥料。由此可见，我国古人很早就认识到“丰隆”这种自然现象有利于农作物的生长。

“呐呐”意为“咀嚼的样子”，也有“慢慢地”意思，“丰隆”赐予的“美味”，接受之后应该慢慢地咀嚼，这体现了古人对“丰隆”赐予美食的珍惜、对得来不易食物的尊重。“呐呐”形容咀嚼的动作，在我们品尝美味过程中发挥了重要作用。我们可以试试咀嚼馒头，越嚼会越甜。因为馒头中有大量的淀粉，我们在咀嚼时口腔会分泌大量的唾液，其中含有的唾液淀粉酶会将淀粉分解为具有甜味的麦芽糖，所以我们就能够感觉到馒头越嚼越甜。其他含有淀粉较多的食物，如米饭、燕麦等也会越嚼越甜。“丰隆赐美味，受嚼方呥呥”，呈现出魏晋时期人们珍惜美食、品尝到美味食物的生动画面，也从侧面记录和反映了咀嚼对我们品尝到食物美味的重要性。古时粮食的生产量不高，人们珍惜“丰隆”赐予的美食，需要细细咀嚼食物，现在粮食产量虽然已经能基本满足国人的需求，但我们仍应该慢慢地咀嚼，因为细嚼慢咽能更好地促进消化酶对食物的消化，有利于身体对食物中营养物质的吸收。“受嚼方呥呥”，蕴含着健康生活的智慧。

我国古人发现，不仅对待“食物”需要慢慢咀嚼才能品出美味，对待精神“粮食”，同样也需要仔细咀嚼才能真正地感受到精神“粮食”的魅力。唐朝诗人韩愈在《进学解》中就提到“沉浸醲郁，含英咀华”。“醲郁”原指嗜好美酒，这里比喻嗜好古籍，将心神沉浸在古代典籍的书香里，仔细地琢磨和领会诗文的要点和精华。慢慢咀嚼食物有助于更好地消化食物，细细品读诗文更能达到对诗文深层次的领悟。

3.2.1 “色香味美”的生物学意义

传说食物的香最早来源于神农尝百草，神农在品尝植物后有了

“五味”之说。后来古人发现植物种子经石板烘焙后，能发出一种气味，人们把这种气味叫做香；而对于食物的鲜美，最早来源于动物类食物。人们捕获到大羊，大快朵颐，就是最美的事了，所以，美，大羊也。唐代诗人白居易在《荔枝图序》中写道：“若离本枝，一日而色变，二日而香变，三日而味变，四五日外，色香味尽去矣”，用“色、香、味”来描绘食物。后来，“色香味”逐渐用于形容美食，并且现代人更多使用“色香味美”四个字来形容易唤起我们食欲的食物（图3-12）。

图 3-12　色香味美的食物

食材经过烹饪后所呈现出来的色泽以及在烹饪过程中对食材进行灵活搭配而形成的造型，会给人们带来多层次的视觉体验。食物在烹饪过程中炒制出的气味，如油香、肉香、植物的香味，以及烹饪好的食物所散发的味道和入口品尝出的味道，都会给人们带来愉悦的嗅觉和味觉体验。食物所具备的色泽、独特造型、香味和口味，对我们的视觉、嗅觉和味觉造成一定的冲击力，共同促成了食物的“色香味美”。

我们能成功感受到“色香味美”，这与我们人体自身的构造有着密不可分的联系。眼睛看到色泽鲜艳、造型独特的食物，能给人以美的享受，增加我们的食欲。在北宋诗人苏轼的《寒具》中就有“纤手搓来玉数寻，碧油煎出嫩黄深”的诗句，详细描绘了在寒食节准备食品的烹饪过程中，油炸馓子至焦黄色的颜色变化。

从红到橙这个范围的颜色最能引起食欲，眼睛看到这些颜色的食物，会促进人体分泌肾上腺素和增加血液循环。所以，一般当我们的眼睛看到暖色调的食物时，如色泽鲜艳的小龙虾（图3-13）、红烧肉、麻辣火锅（图3-14），都会使人心生愉悦，增加食欲。

图3-13　色泽鲜艳的小龙虾

图3-14　麻辣火锅

同时，烹饪好的食物总是具有香喷喷的鲜美之气，萦绕鼻端，令人垂涎欲滴。北宋诗人王禹偁在《雪中看梅花因书诗酒之兴》中提道“拥鼻还怜细细香”，梅花的香味，即使掩鼻后还能闻到阵阵余香。这是因为鼻内有嗅细胞，食物或花的香味散发在空气里，具有香味的微粒被吸入鼻内，经过嗅觉区，与嗅细胞接触，人就能闻到香味了。

我们能够尝到食物的美味，与舌头上的味蕾有关。舌头上的味觉感受区可简单划分为甜、酸、苦、咸。在中国传统的食物文化里，辣也算是一种味觉，但辣其实是由于食物刺激皮肤和口腔黏膜引起的痛觉。平时我们感受到的涩味，不是食品的基本味觉，而是食物中的一些物质使口腔黏膜的蛋白质凝固引起的一种收敛感觉。

各种味道的最佳存在方式，并不是让其中某一味显得格外突出，而是所有味道的调和与平衡。这五种味道使菜品的味道千变万化，也呈现了我国一直以来所追求的和谐之道。

当色香味美的食物放在我们面前时，在我们目光所及之处，有色泽鲜艳、造型独特的食物，能够极大引发我们的食欲；然后将食物送入口腔中细细咀嚼、品味，感受精心准备好的食物给舌尖味蕾带来的各种惊喜，在口腔中迸发出各种各样的活力；同时嗅觉起到关键性作用，把食物所散发的香味，连同口腔中味蕾所感受的刺激一并反馈给大脑，让我们能在品尝美食的过程中真正领略和感受到食物的“五味”给我们带来的愉悦！“五味”也成为中国人在品味和回味不同人生境遇时一种特殊的表达方式。

3.2.2 天生有用——细嚼慢咽对人体健康的作用

中国传统医学中提倡吃饭细嚼慢咽。民间有“食不百咬，进食难消”之说；历代医学家们也强调细嚼慢咽会让我们的身体由内而外地更加健康，而狼吞虎咽则会给身体的消化带来负担，影响健康。

历代的古籍中也记载了“细嚼慢咽”对养生的重要意义。孔子在《论语 · 乡党》中说“食不厌精，脍不厌细”，形容食物要精制细做。粮食舂得精细，肉也切成肉丝，这样饮食的过程就显得从容，这也是养生所需要的。

现代生活中，我们仍将古人的劝诫牢记在心，记着吃饭要细嚼慢咽。“细嚼慢咽”一碗普通白米饭（图3-15），我们也能品出香甜的滋味。

图 3-15　香甜的白米饭

当食物经过口腔时，细嚼慢咽能增加唾液的分泌，唾液中含有的消化酶有助于消化，充分咀嚼食物还可以细化食物中的粗纤维，减轻肠胃负担，促进营养物质更好地被肠道消化吸收；充分咀嚼不仅可以刺激唾液腺分泌唾液，咀嚼这一动作还锻炼了脸部的肌肉，使血管和皮肤保持弹性及活力。

吃饭时间不宜过短，也不宜太长。建议用15 ~ 20min吃早餐，

用30min左右吃午餐和晚餐，如果进餐时间过短，不利于消化液的分泌以及消化液和食物的充分混合，影响食物的消化，引发胃肠不适；而进餐时间过长，则会因为不断进食导致过量摄取食物，给消化造成负担。进餐时每口饭菜最好咀嚼25 ~ 50次。细嚼慢咽不仅能品味食物的美味，也是人们饮食健康的一种保障。

3.2.3 躬行实践——唾液里的酶

唾液不仅能保持口腔湿润，更重要的是它具有消化功能。食物进入口腔后，牙齿、舌头和唾液一起作用，完成食物最初的消化，营养物质才能进一步被人体吸收。

为了更好地理解“细嚼”的益处，让我们一起来模拟一个口腔中“细嚼”的实验。

馒头“细嚼”的变化

- 实验准备

实验材料：白馒头。

试剂：唾液6mL、碘液。

用品：小刀、玻璃棒、烧杯、量筒、水浴锅、天平、试管架、试管等。

收集唾液的方法：用凉开水漱净口腔后，在口中含少许饮用水（不要吞咽），2min后，将口中所有液体吐入烧杯，获得唾液（可多次重复，直至获得需要的量）。

- 实验步骤

（1）准备三支试管，分别编号为A、B、C。

（2）用小刀将一部分馒头切成细屑，用天平分别称取0.3g加入试管A和试管B中。

注：馒头切成细屑，模拟牙齿咀嚼食物。

（3）切取一块0.3g的馒头块加入试管C。

⚠注：用小块馒头模拟没有经过认真咀嚼的食物。

（4）将收集的唾液各量取2mL加入试管A、B、C中，如图3-16所示为此时各试管中液体的颜色。

图3-16 实验前试管中液体的颜色

⚠注：唾液含有淀粉酶，可以模拟口腔内的消化过程。

（5）三支试管同时置于水浴37℃，10min。其间A试管用玻璃棒充分搅拌；B试管不搅拌；C试管充分振荡搅拌。

注：37℃是模拟人体内的温度，为唾液淀粉酶创设适宜的温度，搅拌模拟在口腔中咀嚼时舌头的搅拌，有助于食物更充分地与消化酶接触。

（6）在3支试管中各滴加2滴碘液，观察并记录各试管

的颜色变化（见图3-17及表3-1）。

图 3-17 实验后滴加碘液的结果

注：淀粉在受热后会形成中间产物“糊精”，淀粉遇碘变蓝，糊精遇碘变成紫红色，淀粉被水解得越彻底，与碘液的显色反应就越不明显。

表3-1 加入碘液前后各试管的颜色变化

试管编号	实验前溶液颜色	实验后溶液颜色
A	透明	淡红色
B	透明	浅紫色
C	透明	蓝紫色

A试管和B试管对比：A试管红色比B试管浅，说明A试管里剩余的淀粉和糊精比B试管少。

A试管和C试管对比：C试管颜色远比试管A深，说明C试管里淀粉和糊精的含量高。

3.3　五谷为养，五果为助

早在西周时期，我国古人就对健康饮食给出了相应提示。当时官方医政制度把食医排在诸医之首，认为食养、食疗有益于养生。战国时期的中医经典《黄帝内经·素问》中提出了“五谷为养、五果为助、五畜为益、五菜为充，气味合而服之，以补精益气”的合理的健康饮食结构，这是世界上最早、最全面的膳食指南，体现了我国古代历史悠久的平衡膳食观念（图3-18）。

图 3-18　谷肉果菜的互相配合

“五谷”富含糖类和蛋白质，可为人体正常的生命活动提供需要的能量和营养。糖类为人体的主要能源物质，而一切生命活动都离不开蛋白质，蛋白质是生命活动的主要承担者。

图 3-19　五谷杂粮

“五果为助”是指枣、李、杏、栗、桃

有助于养生和健身。有些水果（图3-20）若饭后食用，还能帮助消化，所以五果在平衡膳食中起着重要的辅助作用。

图3-20　各种各样的水果

水果是维生素、矿物质和膳食纤维的重要来源。其中维生素是人维持正常的生理功能，必须从食物中获得的一类微量有机物质。维生素在人体内既不参与构成人体细胞，也不为人体提供能量，但却在生长、代谢、发育过程中发挥着不可替代的作用。人体自身不能有效合成生命活动所需的各类维生素，只能从食物中摄取。

图3-21　各种各样的肉

“五畜为益”是指“五畜”的肉类（图3-21）含有丰富的蛋白质、氨基酸和脂肪，能增补五谷主食中植物蛋白质的不足，对人体大有裨益。

图3-22　各种各样的蔬菜

“五菜为充”则指葵、韭、薤、藿、葱等蔬菜（图3-22），有提高食欲、促进消化、补充营养、防止便秘、降低血糖血脂等作用，对维持人体健康十分有益。蔬菜水分多，富含无机盐，是提供微量营养素、膳食纤维和天然抗氧化物的重要来源。

在古时人们就已经意识到必须要依赖谷、肉、果、菜等食物的互相配合，提供人体生命活动所需的各类蛋白质、维生素、糖类和矿物质等，营养均衡才能增强体质。古人提倡平衡膳食的理念，强调将各类食物巧妙地融合在一起，健康的饮食要求食物种类多样、有主次之分，这为我国传统社会长期以来一直延续的饮食结构奠定了基础。

图3-23的平衡膳食宝塔直观地展示出每天各种食物的合理搭配，按照重要程度从下到上依次排列：谷类食物居底层；蔬菜、水果居第二层；鱼、肉、蛋等位于第三层；奶、豆类等居于第四层；第五层为盐、油。在现代的平衡膳食宝塔中，作为主要食物的五谷既继承了我国膳食的良好传统，又能预防高脂肪、高热能、低纤维所引起的一些疾病。

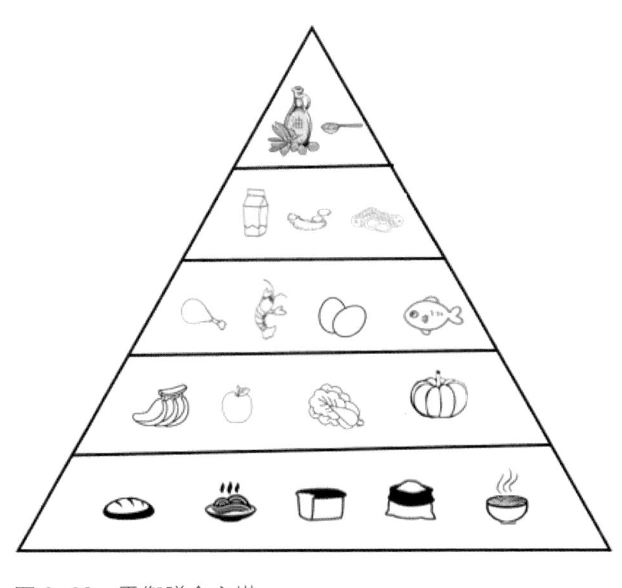

图3-23　平衡膳食宝塔

3.3.1 认识《黄帝内经》中的健康饮食

我国作为世界上四大文明古国之一，创造了最古老的饮食文化。《黄帝内经》提出的平衡膳食的思想，是古人根据亲身经历总结出来的宝贵经验，其背后也蕴含着严谨的科学原理，即合理平衡的饮食能够补益气血、提高正气，是养生防病的重要条件。这部以饮食与健康为主题的光辉巨著，为我国辉煌的饮食文化奠定了深厚的理论基础。

《黄帝内经》强调“谨和五味，食饮有节”，实际上就是五味不可偏嗜，食量有节制，肥甘有节制，冷热有节制。古人认为酸、苦、甘、辛、咸，即为“五味”，传统认为酸入肝，苦入心，甘入脾，辛入肺，咸入肾，能滋养五脏。虽然五味对脏器有增补其气的功效，但若五味偏嗜，增气过久，会使脏气偏亢，导致脏腑功能失调，发生疾病。用通俗的话说就是吃过酸、重盐、辛辣、油腻的食物，会导致脏腑功能下降或亢奋，诱发相应的病症，例如，长期吃大鱼大肉等肥腻食物，会直接影响脾胃的功能，脾胃功能受损不能为人体提供足量的营养物质，导致抵抗力下降而生病。

《黄帝内经》指出“以食量而言，食不可过饥，亦不可过饱”。如果过于饥饿，容易耗伤精气；如果过饱，食物不能及时被人体消化吸收，就会引起脾胃积滞。注意饮食搭配，均衡五味，有助于五脏气血的运行与调畅，人就会精气旺盛。

现代食品科学和现代营养学证明，维持人体必需的七大类营养成分为糖类、脂肪、蛋白质、维生素、无机盐、水和膳食纤维。合理搭配食物，对于能够满足人体以上七大营养成分的摄入具有科学性和可行性。通过与现代营养学理论对比，我们发现《黄帝内经》中平衡膳食的内容古而不老，与现代食品科学和现代营养学的观念不谋而合。

平衡膳食既要满足人们生理上的进食欲望，又要满足生理和心理上的物质需要。随着营养科学的发展，平衡膳食的内涵还在不断地充实和发展，人类也将通过不断地努力，提供更符合生存需求的健康饮食。

3.3.2 天生有用——膳食平衡更健康

随着人民生活质量的提升，对营养问题的关注逐步从营养不良转向营养失衡引起的营养相关慢性病等问题。对我国多地青少年的膳食平衡情况调查发现，谷类摄入量超标，特别是含糖饮料和零食摄入过量；禽类和蛋类摄入基本适宜；蔬菜水果和奶类、豆类摄入不足；鱼虾等水产品的摄入量严重不足。调查还发现青少年的食物缺少多样性，饮水量也存在明显不足。

日常的膳食不仅要满足人体对糖类、维生素、无机盐、水和膳食纤维的需求，还需要补充像维生素D、维生素B_{12}、胆碱、动物性脂肪、动物性蛋白质等人体所需的营养成分。水果和蔬菜富含的营养素能帮助人类保持身体强健、促进伤口愈合和自我修复、抵御疾病等，其中丰富的纤维素还能帮助人体进行消化，防止出现便秘、

胃肠胀气等一系列消化问题。维生素D对于保持骨骼、牙齿和肌肉健康至关重要，维生素D只能在体内存储约两个月，鱼虾等海鲜食物中含有较为丰富的维生素D。维生素B_{12}是一种对血液和神经细胞的健康功能至关重要的营养素，肉类、动物内脏和蛋类中含有丰富的维生素B_{12}。胆碱是一种对大脑健康至关重要的营养素，对神经细胞产生神经递质和维持细胞各种功能发挥着重要的作用，人体肝脏产生的胆碱不足以满足人体需求，而缺乏胆碱会导致肝病、心脏病，甚至神经系统疾病，牛肉、鸡蛋、乳制品、鱼和禽类是食物中胆碱的主要来源。营养平衡膳食餐盘如图3-24所示。

如果膳食不平衡，就会导致很多营养元素的缺乏。例如，纯素饮食会导致铁、锌和钙等元素的摄入减少。

图3-24　营养平衡膳食餐盘

3.3.3 躬行实践——为家人设计一周的食谱

在追求物质与精神生活的同时，人们越来越重视自己的健康问题，不仅追求吃饱，更追求吃好，吃出健康。相应地就有了营养科学，并催生了营养师等职业。

如果你是一名小小营养师，请你根据膳食平衡的原则，为家人设计一周的健康食谱吧！

为家人设计一周的食谱

- 目的

尝试运用有关膳食平衡的知识，根据市场调查的结果，给家人设计一份营养合理的一周食谱，关心家人的饮食健康。

- 市场调查

走进附近的菜市场，观察当季蔬菜瓜果，记录观察的结果。根据市场调查结果，选择要设计的食谱中的食材。

- 食谱制作

根据食材种类、营养成分、价格，以及家人的人数、健康状况和饮食习惯，参考表3-2，为家人设计出一周营养食谱。

表3-2 一周营养食谱

时段		周一	周二	周三	周四	周五	周六	周日
早餐	食物							
	营养成分							
午餐	食物							
	营养成分							
晚餐	食物							
	营养成分							

- **互相评价**

根据自己设计的食谱，尝试给家人说说你设计的食谱中的科学道理，听听他们对你所设计食谱的想法和建议。

- **完善食谱**

结合家人给出的意见，完善自己所设计的一周食谱。在实施一周后，可根据实际情况对食谱作出进一步的修改。

- **想一想**

根据平衡膳食宝塔，设计春、夏、秋、冬不同季节的食谱时，应该考虑哪些具体因素？

参考文献

[1] 刘旭. 中国作物栽培历史的阶段划分和传统农业形成与发展[J]. 中国农史，2012，31（02）：3-16.

[2] 李福山. 大豆起源及其演化研究[J]. 大豆科学，1994（1）：61-66.

[3] 陈雪香，马方青，张涛. 尺寸与成分：考古材料揭示黄河中下游地区大豆起源与驯化历程[J]. 中国农史，2017，36（3）：18-25.

[4] 王思明，沈志忠. 中国农业发明创造对世界的影响：在2011年“农业考古与农业现代化”论坛上的演讲[J]. 农业考古，2012（1）：26-32.

[5] 全国科学技术名词审定委员会. 遗传学名词[M]. 2版. 北京：科学出版社，2006：60.

[6] 佚名. 雷雨与庄稼[J]. 农村科学实验，1974（5）：15.

[7] 韩愈. 进学解[M]. 北京：中华书局，1961.

[8] 白汉强. 菜肴的色彩和食欲[J]. 中国食品，2007（10）：14.

[9] 龚茜玲. 人体解剖生理学[M]. 北京：人民卫生出版社，1979：53.

[10] 王旭峰. 细嚼慢咽好处多[J]. 保健与生活，2012（5）：16-17.

[11] 孔丘. 论语[M]. 陈国庆，何宏，注译. 合肥：安徽人民出版社，2001.

[12] 龚廷贤. 寿世保元[M]. 北京：中国中医药出版社，1993.

[13] 中国营养学会. 中国居民膳食指南[M]. 拉萨：西藏人民出版社，2008：15，76-77.

[14] 陈君石，韩蕃璠.《新营养科学》浅析[J]. 营养学报，2006，28（6）：461-467.

[15] 顾景范. 我国现代营养学的诞生及早期学术活动[J]. 营养学报，2015，37（02）：107-112.

[16] 周利. 五谷为养 五果为助[J]. 人民周刊，2020（13）：78.

[17] 中国营养学会. 中国居民膳食指南及平衡膳食宝塔[J]. 中国食品卫生杂志，1999（01）：73.

[18] 魏形峰.《素问》中饮食结构理论的启示[J]. 安徽农业科学，2007，35（1）：286-288.

[19] 袁圆. 素食主义发展简史[J]. 世界宗教文化，2003（3）：13-14.

[20] 刘霞. 素食或致胆碱摄入不足[J]. 保健与生活，2019（22）：39.

[21] 食品伙伴网. 奥地利大学研究发现：素食者更易患癌症[J]. 食品与发酵科技，2014，50（2）：38.

第 4 章

遵循规律之道

地球绕太阳公转，导致太阳直射点以一年为周期在南北回归线之间往返移动。北回归线以北和南回归线以南地区一年中没有太阳直射。伴随着太阳直射点的周年变化，不同地区昼夜长短和正午太阳高度角也在发生变化，形成了地球一年的春夏秋冬四季。随着季节时令的周期性变化，大自然中的生物自然地进化出了生物节律等一系列的生命规律，并自动地调节和控制着生物的行为和活动。

本章将从我国传统文化中梳理出能够反映我国古代劳动人民对生物规律的认识的相关内容，我们一起来学习其中蕴含的生物科学道理。

4.1 日出而作，日入而息

《帝王世纪》记载："帝尧之世，天下大和……有八九十老人，击壤而歌。"老人所歌的歌词就是："日出而作，日入而息。凿井而饮，耕田而食。帝力于我何有哉！"大意就是，上古尧时代的太平盛世，有一位八九十岁的老人唱着民谣"太阳出来就开始干活，太阳落下就回家休息，开凿井泉就有水喝，耕种田地就有饭吃，这样的日子有何不自在，谁还去羡慕皇帝的权力。"歌曲吟唱了生动的田园风景，遵循自然规律，是劳动人民简单纯朴、自给自足的生活和劳作的场景。

我国许多古籍和诗歌中都有描绘人类遵循自然规律、惬意生活的情境，例如，《庄子·让王》中"日出而作，日入而息，逍遥于天地之间而心意自得"；田园诗人陶渊明的"晨兴理荒秽，带月荷锄归”等。也有诗词记载了对动物生物节律的认识，例如，范仲淹的《渔家傲》中有“塞下秋来风景异，衡阳雁去无留意。四面边声连角起。千嶂里，长烟落日孤城闭”，体现的是大雁迁徙的周年节律。成语“昼伏夜出”说的就是猫头鹰、老鼠等动物的昼夜节律。

4.1.1 从“日出而作，日入而息”认识人体的生物钟

现在钟表已经是我们日常生活中计时的主要工具之一，在没有钟表的古代，古人发明了日晷、圭表和滴漏等工具来确定时间。更多的时候，人们以鸡鸣作为白昼开始的象征。《明史》记载明太祖朱元璋“鸡鸣而起，昧爽而朝，未日出而临百官”。大意是公鸡一打鸣皇帝就马上起床，天还没亮已然开始接见百官上朝奏事。明朝大臣薛蕙在《鸡鸣篇》中写道：“鸡初鸣，日东御，月徘徊，招摇下；鸡再鸣，日上驰，登蓬莱，辟九闱；鸡三鸣，东方旦，六龙出，五色烂。”古人利用鸡鸣来确定时间，安排每日的生活生产。

在自然界，几乎所有的生物都有昼夜节律。当太阳升起时，大多数生物开始了一天的活动，当太阳落山时休息，呈现出昼夜节律。这种昼夜节律长期稳定地控制和影响着生物的生命活动，就像在生物体内存在一种无形的时钟，控制了生物体的生命活动内在节律性，时间周期接近24小时，与地球自转一圈形成的“光-暗”周期吻合。这样的生物适应自然环境节律性变化的影响，在进化过程

中逐渐形成的机体内在的时间顺序，被称为生物钟。

人们对生物钟研究得越深入，也就越能为人们提供更为人性化的服务，比如8小时睡眠、朝九晚五工作时间等。当然，也能根据地域差别做出更适合的调整，例如，因为经度的差异，乌鲁木齐位于东六区，北京位于东八区，乌鲁木齐在北京的西边，所以时间晚两个小时，因此，新疆工作时间是北京时间向后推2小时。

研究人员发现白天高强度的光照刺激有助于提高人体夜晚褪黑激素的分泌量，达到改善睡眠质量的效果。研究显示，不同波长的光对褪黑激素分泌的影响不同，通过调节光波的波长能提高工作人员的清醒度，还能改善夜晚的睡眠质量。人们进一步利用光照与褪黑激素分泌的关系，在装修房屋的时候，不仅关注灯的造型，还重视光线的选择，例如，460nm附近的短波光（蓝光）以及高色温的复色光，对褪黑激素的抑制作用最强，在这样的光线下人更容易保持清醒的状态，更适合书房和客厅的光线；白天高色温的光线会抑制褪黑激素的分泌，到了夜晚在黑暗环境中，会有助于褪黑激素的分泌，起到提高睡眠质量的作用。

可以说，地球上所有生物的生物节奏都受到生物钟的调控和影响，按照人体生物节律安排作息，不仅能提高工作效率、减轻疲劳，还能预防疾病。若随心所欲则会打乱身体的生物规律，引发一系列身体的不适反应，让人处于亚健康状态。

科学家虽然已经发现了多个生物钟基因，但真实的生物钟调控过程十分复杂，与外界的光、温度等因素有关，只有众多的生物钟基因共同协调，才能实现近24小时的节律。2017年，三位科学家因生物钟分子机制方面的研究获得诺贝尔生理学或医学奖。

4.1.2 天生有用——生物钟的应用

生物钟是生命过程最为奇特的特征之一，影响着生命各个方面，特别对人类健康和农业生产发挥着不可忽略的作用。

人体的机能活动会呈现周期性的变化，例如体温、睡眠等呈现24小时为界的昼夜周期变化；还有一些周期长短不一的生物钟，例如脉搏、呼吸、细胞的分裂、激素的分泌等，生物钟贯穿生命的始终，控制和调节着生命活动。生物钟自行保持的周期性摆动（振荡），具有内在的生物化学系统反馈机制，随着脏腑功能活动的盛衰变化、气血津液的新陈代谢，不同的年龄阶段可表现出比较明显的体质差异。随着人的衰老，生物钟输出信号的生理昼夜节律，在振荡幅度、振荡周期等方面会出现与年龄相关的改变，生物钟控制的生理昼夜节律逐渐失去周期结构的振荡，如“睡眠-觉醒”节律是人类最典型的昼夜节律。随着年龄的增长，人的睡眠模式也会发生明显的改变，和年轻人相比，老年人的睡觉时间和起床时间均会提前，夜间睡眠时间缩短，白天午睡的频率增加，夜间觉醒次数增加，慢波睡眠减少。

生物钟的周期性摆动会表现出精力充沛、情绪高涨、精神焕发，或者浑身疲乏、情绪低落、精神萎靡，并在情绪、精神以及行为反应等方面出现特征性的指标。例如，利用这些特点，汽车公司可以确定司机的临界期和低潮期从而制定开车的时间表，当司机低潮期来临时，建议司机不开或少开车，能显著地减少车祸的发生。

生物钟也被广泛应用在农业生产中，例如，通过调节光源来促进蛋鸡生长和产蛋（图4-1）。蓝光能使蛋鸡的情绪稳定，产出的蛋蛋壳颜色较深；通过提供间歇光照，既能保证产蛋量，又能提高饲料转化率，增加蛋的重量。采用长时间的光照处理，能够让蛋鸡初次产蛋的时间提前。另外，蚕丝业也利用光照、温度等对蚕生长发育的影响，例如，有规律地明暗交替照射蚕种，能促进蚕卵的孵化；用黄光和蓝光处理，能促进蚕增重；在缺少桑叶时，通过对蚕进行适量、适时的光照可以弥补蚕生长发育的不良等，从而为人类提供高产量和高品质的蚕丝。

图 4-1　养鸡场通过光线影响产蛋

4.1.3　躬行实践——藏在身体里的“生物钟”

昼夜节律有明显的个体差异，观察一下你及周围的同学，会不会有人早上起来精力旺盛，到了下午就心不在焉，或有人白天对什么事情都提不起兴趣，但是到了晚上却思路大开，久不能睡。

除了在睡觉和起床时表现的精力情绪不同外，同一个人在一天的不同时间做相同的事情，也会出现完成效果大不相同的情况。

目前，国际通用的睡眠-觉醒（MEQ）自测量表，能够帮助我们评估每个人的昼夜节律特点，你想知道自己属于哪种类型的人吗？下面就一起来评估一下吧。

MEQ自测量表——测测藏在身体里的“生物钟”

1.如果你能自由计划时间，你希望什么时候起床。

(1) 11:00-12:00

(2) 9:4-11:00

(3) 7:45-9:45

(4) 6:30-7:45

(5) 5:00-6:30

2.清醒后的半小时内，你的感觉怎样？

(1) 非常疲劳

(2) 较疲劳

(3) 较精神

(4) 非常精神

3.在晚上，你一般在什么时候会感到疲倦且需要睡觉？

(1) 2:00-3:00

(2)00:45-2:00

(3)22:15-00:45

(4)21:00-22:15

(5)20:00-21:00

4.一天中哪个时段是你的最佳时间？

(1)20:00-5:00

(2)17:00-20:00

(3)10:00-17:00

(4)8:00-10:00

(5)5:00-8:00

5.人如果分为“清晨型”和“晚间型”，你认为自己属于哪一类型？

(0)绝对的“晚间型”

(2)“晚间型“多于“清晨型”

(4)“清晨型”多于“晚间型”

(6)明确的“清晨型”

将5道题中你所选的每个选项前面的数字相加，即为你的总得分。4 ~7分为绝对夜晚型，8 ~ 11分为中度夜晚型，12 ~ 17分为中间型，18 ~ 21分为中度清晨型，22 ~ 25分为绝对清晨型。

⚠注意：生物节律是可以根据实际情况，配合科学的方法进行调整的。特别是学生时代，绝对夜晚型的昼夜节律是不太适应学校的学习安排的，需要同学们及时做调整。

4.2 落红不是无情物，化作春泥更护花

图 4-2　满地香桂

“落红不是无情物，化作春泥更护花”，出自清代诗人龚自珍的《己亥杂诗》，意为“落下的花朵是有情义的，来年化成春泥继续滋养着树枝上的花朵”，其中蕴含着生态系统中物质循环的规律，有机物最终会回到无机世界，转化成春泥中的营养物质，被植物吸收后再次转化为有机物的组成成分。如图4-2所示为“满地香桂”的情境。

在我国的农业生产中，也渗透着“落红护花”的农耕用物哲学。例如，收割了麦子后剩余的秸秆，可运用在农业生产、生活、饲养和医药等方面。秸秆是成熟农作物茎叶（穗）部分的总称（图4-3），通常小麦、水稻、玉米和其他农作物在收获籽实后的剩余的根茎叶被称为秸秆。

《黄氏日抄》有述“当初夏无人入山樵采之时，可代柴薪，是麦之所收甚多也”，收获之后的麦秸可以用来燃烧代替柴火。《农政全书》记载“灰须上等白者，落黎、桑柴、豆秸等灰，入少许炭灰，妙”，也就是说草木燃烧后的草木灰作为清洁剂的效果有优劣之分，豆秸灰的漂白效果更佳。

图 4-3　秸秆

秸秆还可以作为编织材料，主要用来清扫案板，也可用来刷锅刷碗。还能将柔软一点的秸秆编制成坐垫、席子和草鞋一类的物件满足日常生活需要（图4-4）。

(a)秸秆编织的扫帚

(b)草鞋

图 4-4　秸秆编织材料

4.2.1 从我国古人的“环保意识”看生态系统中的物质循环

《桑志》讲述了在黄米地里种椹，当黄米收获籽实后，只取其穗头，将秆留在田中，来年春天焚烧之后的草木灰可用作肥田的肥料，继续栽种其他作物。到现在，我国部分农村地区仍会燃烧秸秆，将形成的草木灰作为农家肥料。秸秆在农业生产上的利用充分体现了物质循环。

农作物吸收土壤中的各种矿质元素和水分，在自然条件下萌发、生长、开花、结果、枯萎。枯萎的植物经过焚烧，被植物吸收的矿质元素重新释放回土壤，也就是被植物成功“吸收”的元素又再次“反哺”回到土壤中，补充土壤的肥力，以供下一年的作物生长。例如，氮（N）、磷（P）、钾（K）、钙（Ca）、镁（Mg）、铁（Fe）等元素从土壤中被吸收后，会成为植物体结构的重要组成成分。

只是大量燃烧秸秆会引发空气污染问题，我国现已禁止大面积燃烧秸秆，尽量实施无污染化的环保生态农业。

古人早有减少空气污染的肥料生产的记载。他们将秸秆、杂草等和家禽的粪便混合之后发酵生产肥料。《农政全书》中记载：“踏粪之法：凡人家于秋收场上所有穰、谷（䅨）等，并须收贮一处。每日布牛之脚下，三寸厚；经宿，牛以蹂践便溺成粪。平旦收聚，除置院内堆积之。每日亦如前法。至春，可得粪三十馀车。”具体做法就是把秸秆放到牛圈中大概三寸厚，经过牛不断地踩踏使秸秆和粪尿混合，第二天将其收拢聚集，日复一日，经过一个冬天，一头牛可以踏成三十多车有机肥，这种有机肥也被统称为“绿肥”。随着农业技术的发展，生产绿肥的技术也日益成熟，并被广泛使用（图4-5），绿肥也逐渐开始替代化肥，被大规模应用在农业生产中。

图 4-5　有机肥生产

绿肥作物不仅含有农作物所需的多种养分，而且它们的根系对土壤有很强的穿插和挤压作用，可以增加土壤的孔隙度，提高土壤的渗透性，并改良土壤的结构。绿肥作物对地表有覆盖保护作用，这样可以有效减少地表水分蒸发，当遇到雨水时可以减少地表径流，减少水土流失，还可以净化水体、美化环境。

4.2.2　天生有用——“废物”利用

左丘明的《左传·文公五年》中提到“且华而不实，怨之所聚也”，多用于贬义。“华而不实”是只开花不结果的现象（图4-6），从生物学的角度解释是由于植物缺少硼元素造成的。

图 4-6 “华而不实”的花椰菜（左）和正常的花椰菜（右）

我国西北部地区由于深居内陆、远离海洋，加上常年降雨量少，以及水土流失、土地荒漠化等因素的影响，形成了大片的沙漠以及荒漠。我国不少古诗中描述过沙漠的情景，比如王维在《使至塞上》中写道“大漠孤烟直，长河落日圆”，岑参在《过碛》中描述“黄沙碛里客行迷，四望云天直下低”，李益的《从军北征》中有“碛里征人三十万，一时回向月明看”，这里的“碛”（qì）指的就是沙漠，从古至今都存在。

据载，陕西省榆林市长城一线以北的毛乌素沙漠，原本是一片肥沃的土地。5世纪（魏晋南北朝）时，这里还是一片水草肥美的大草原，居住着游牧的匈奴民族，溪水潺潺，牛羊卧河畔而憩，是非常优质的牧场。东晋时期，在这片美丽富饶的土地上建立了匈奴大夏国。由于人类对土地不加节制地开垦和民族间战乱的冲击，唐朝时期的毛乌素就变成了一块小沙地，经过千年的演变，再加上气候变迁，沙地一点点地扩大，最终在明清时形成了茫茫大漠。沙漠化造成生态系统失衡，可耕作的面积不断缩小，时常会形成沙尘暴（图4-7）等，对工农业生产和人民生活带来严重影响。

图 4-7　严重的沙尘暴

后来，人们意识到尊重自然、敬畏自然的重要性，开始了浩浩荡荡的毛乌素沙漠治理行动。在沙漠中种植绿洲是一场前所未有的挑战，是一场和大自然的博弈。经过不断的探究，用废弃的秸秆制作的草方格创造了巨大的奇迹。麦草秸秆作为固定材料，将麦草呈方格状轧进沙中，留下一部分立于沙面。草方格不但能起到固沙的作用，腐烂的麦草还为绿色植物生长提供了丰富的营养元素，一个个麦草方格哺育沙洲绿植，昔日的一片黄沙逐渐被绿洲所替代，如

图4-8所示为毛乌素沙漠治理前后的概貌。

图 4-8 毛乌素沙漠治理前后

令人骄傲的是，这一固沙法获得了国家科学技术进步特等奖，也被联合国环境规划署誉为“全球环境保护500佳”，并且在世界推广，成为世界治沙史上的一大奇迹，国外甚至把这种草方格称作为“中国魔方”。如今，在毛乌素沙漠上傲然挺立着一条高速路——榆靖高速，这是我国建成的第一条沙漠高速公路。小小的秸秆还能征服这广袤的沙漠，不得不感叹人们勇于探索的精神！

4.2.3 躬行实践——试试“草方格”的威力

草方格在防风固沙上具有重要作用，它不仅能增加地表粗糙度，有效控制风速，降低流沙的移动速度，阻止沙丘前进，秸秆腐烂之后还能为种植的草木提供营养。现在我们来模拟用草方格阻挡风沙流动。

试试“草方格”的威力

实验材料

大约60cm×60cm的纸箱、干草若干、沙子、剪刀、白纸、吹风机、小铲子、计重器。

实验准备

如图4-9所示，将沙子平铺在箱子底部，其中一边布置草方格沙障（将干草修剪好，整齐地铺在沙子上，然后用小铲子将干草压进沙子中，让干草两端翘起，并适当固定），另一边不放干草。

将布置好的纸箱放在桌子上，纸箱后半部分铺白纸。

图4-9　实验准备

实验操作

（1）将吹风机在纸箱前方20cm处缓慢平行移动，尽量让箱子两侧的沙子承受相同强度、相同时间以及相同角度的风力。

（2）观察两侧白纸上沙粒的大小和多少（如图4-10所示），若有计重器，也可对吹散的沙子进行称量比较。

图4-10　实验后观察

4.3　四时行焉，万物生焉

“四时行焉，万物生焉”出自《论语·阳货》，记录的是孔子与子贡的一场对话。原文为：“子曰：‘予欲无言。’子贡曰：‘子如不言，则小子何述焉？’子曰：‘天何言哉？四时行焉，百物生焉，天何言哉？’”（大概意思是说孔子说他想不说话）。子贡则说：“你如果不说话，那我们这些学生还传述什么呢？”孔子说：“上天说了什么呢？春夏秋冬四季照样运行，万物照样生长。上天说了什么呢？”孔子的意思是教育弟子们要善于自己去发现事物的规律，而不是听从别人讲什么。“四时行焉，万物生焉”（图4-11）这句话反映了自然界的四季更替与万物生长密不可分。

图 4-11　四时行焉，万物生焉

在孔子生活的春秋时期，人们就已经观察到自然现象的周而复始，发现了周年节律，并且用以指导生产。后人经过整理发展出了一门学科——物候学。中国最早的物候记载见于《诗经·豳风·七月》，它记录了农历七月，天气开始变凉，到了农历九月妇女就应该缝过冬的衣服。到了西汉，农学著作《氾胜之书》已经以物候为指标确定耕种的时间。明代李时珍的《本草纲目》记述了候鸟布谷鸟和杜鹃的地域分布、鸣声、音节以及出现时间等，是鸟类物候的翔实记载。

4.3.1 从“春耕、夏耘、秋收、冬藏”认识自然规律中的生物节律

战国时期《荀子•王制》有记载：“春耕、夏耘、秋收、冬藏，四者不失时，故五谷不绝，而百姓有余食也。”这是古人总结的农业经验，只有每个季节都做好该做的事才能保一家一年无忧。

春天到来之际，人们要赶在播种之前翻松土地（图4-12）、施农家肥。耕地松土可以增加土壤的含气量，利于种子根系下扎，促进幼苗茁壮生长。另一方面，土壤表层的微生物大部分是好氧生物，松土利于它们更好地将有机物氧化分解为无机物，为植物提供营养。耕地松土后再进行播种，植物自然长得更好。

图4-12　春耕

夏季，日照充足，植物生长速度快，而杂草也会在不经意间快

速生长，与农作物争夺阳光、水分以及各种营养物质。因而在夏天要定期锄田除草（图4-13），可以让农作物获得更多的营养物质和充足的光照，这就是夏耘蕴藏的生物学道理。

图 4-13　夏耘

秋天是收获农作物的季节（图4-14）。秋收作物主要收获的是当年春夏播种的农作物种子，这个过程一般在农历秋分前后进行。往往到了这个阶段，植物不再继续生长，种子也不会再增重，若收获的时间再往后延，植物就有可能会因为茎秆衰老而倒伏，不利于收获。刚收获的种子含水量大，不能直接贮藏，因此，要赶在“秋老虎”兴盛之际在太阳下晒干种子，晒得越干，越耐贮藏。

冬季天气寒冷，要注重粮食的储存，以保证人们能够在来年有生活所需的粮食储备（图4-15）。古人的冬藏不仅仅是粮食的储藏，人也要“猫冬”，少到外边受冻。经历了一个夏天的酷暑消耗和秋

图 4–14　秋收

图 4–15　冬藏

收的农活忙碌，人的身体也要利用冬季养气养阴。

古人虽没有清楚地解释“春耕、夏耘、秋收、冬藏”背后的科学道理，但他们通过长期观察发现了这种自然的周期节律与生物生长发育的节律具有重复性，也发现了气候节律在生物生命活动中的重要作用，并总结出了大量的农业经验。

4.3.2 天生有用——节气歌里的生物节律

2016年，“二十四节气”（中国人通过观察太阳周年运动而形成的时间知识体系及其实践）被联合国教科文组织列入人类非物质文化遗产代表作名录。

黄河中下游地处中纬度地区，四季分明且周而复始，是二十四节气的诞生地。北斗七星是北半球的重要星象，二十四节气是我国古人最早总结的，以北斗七星斗柄旋转指向（斗转星移）制定的。二十四节气不仅在农业生产方面起着指导作用，还影响着人们的衣食住行和文化观念，成为中国农历的一个重要部分。现行的“二十四节气”是依据太阳在回归黄道上的位置而制定的，即将太阳的周年运动轨迹划分成24等份，每一等份代表一个节气。

春季的节气分别是立春、雨水、惊蛰、春分、清明和谷雨。春季是万物复苏的季节，这个时节春回大地，气温的升高、雨水的增加为植物萌发和生长提供了必要条件。“立春”是二十四节气之首，在传统观念中，立春具有吉祥的涵义。“雨水”时节，忽冷忽热，乍暖还寒。这时的北半球日照时数和强度都在增加，气温回升，冷

二十四节气歌

春雨惊春清谷天，夏满芒夏暑相连，
秋处露秋寒霜降，冬雪雪冬小大寒。
每月两节不变更，最多相差一两天，
上半年来六廿一，下半年是八廿三。

热空气相遇形成降雨，以毛毛细雨为主。“惊蛰”是仲春之月，开始打雷，惊蛰时节“春雷惊百虫”，蛰伏地下过冬的虫子也苏醒过来，春气萌动，大自然有了新的活力。“春分”在天文学上的重要意义是南北半球昼夜平分。从春分之日后，太阳直射点继续由赤道向北半球推移，北半球各地的白天开始长于黑夜，此时天气暖和、雨量充沛、阳光明媚。“清明”是春季的第5个节气，此时阳光明媚、气清景明，自然界呈现一派生机勃勃的景象。“谷雨”是春季的最后一个节气，新种作物最需要雨水的滋润，民间有“春雨贵如油”的说法，谷雨也是雨生百谷的意思（图4-16）。

图 4-16　种子萌发

夏季的节气有立夏、小满、芒种、夏至、小暑、大暑。夏季的高温、长日照为植物提供了快速生长、开花、结果的条件（图4-17）。“立夏”是自然界的万物进入旺盛生长的重要节气。“小满”

是降水的节气，南方降水量大，江河渐满，对于北方而言，小满的降雨量很小或无雨，此时麦类等夏熟作物的籽粒开始灌浆，但还没完全饱满，因而俗称小满。“芒种”时适宜晚稻等谷类作物种植，这个节气进入典型的夏季，农事播种以这一时节为界，过了芒种再种植成活率就会降低，民谚就有“芒种不种，再种无用”的说法。“夏至”期间我国大部分地区气温较高，日照充足，作物生长很快。“小暑”节气阳光猛烈、高温潮湿多雨，有利于农作物的成长。“大暑”是夏季最后一个节气，是一年内日照最多、最炎热的节气，高温酷热、雷雨等气候条件十分有利于农作物的生长，是农作物成长最快的时期。

图 4-17　植物开花

秋季的节气有立秋、处暑、白露、秋分、寒露、霜降。“立秋”是阳气渐收、阴气渐长、阳盛向阴盛转变的节点，立秋不代表酷热天气结束，初秋期间天气仍然炎热。“处暑”意为“出暑”，炎热离开的意思，酷热难熬的天气进入尾声，这段时间会有短期的回热，也就是俗称的“秋老虎”。“白露”时自然界寒气增长，天气转凉，昼夜温差拉大，干燥的秋风带走谷物中和空气中的水分，因而北方种植的一季稻在9月中旬收获。“秋分”太阳光几乎直射地球赤道，之后太阳直射的位置南移，北半球的太阳辐射越来越少，天气转凉。“寒露”时昼夜温差较大，南方秋意渐浓，气爽风凉，少雨干燥，我国东北、西北地区即将进入冬季，千里霜铺，时有冷空气南下。“霜降”是秋季的最后一个节气，霜降不是天上降霜，而是指地面的水汽由于温差变化遇到寒冷空气凝结成霜，表示气温骤降、昼夜温差大。唐代诗人杜牧写下的著名诗句“霜叶红于二月花”，描绘的就是秋季干旱缺水，昼夜温差较大，植物体内的叶绿素被破坏，绿色减弱，霜冻后细胞液呈酸性，花青素遇酸呈现红色。随着气温不断下降，北方大部分植物的叶子脱离，减少了植物体内水分的蒸腾，这是植物在长期进化过程中度过寒冷和干旱季节的一种适应。

冬季的节气有立冬、小雪、大雪、冬至、小寒、大寒。“立冬”是冬季的开始，日照时间持续缩短，气温继续下降，但由于

山行

【唐】杜牧

远上寒山石径斜，
白云生处有人家。
停车坐爱枫林晚，
霜叶红于二月花。

地表还储有一定的热量，因而初冬不会很冷，这是人们享受丰收、休养生息的时节。“小雪”是寒潮和强冷空气频数较高的节气，小雪节气意味着天气会越来越冷。“大雪”标志着仲冬时节正式开始，此时气温显著下降，降水量增多。值得注意的是，“小雪”“大雪”代表的是节气间的气候特征，并不表示这个节气会下小雪、下大雪，而是体现气温和降水量在此节令的变化特点。“冬至”又称亚岁、拜冬，此时太阳光直射南回归线，是北半球各地白昼最短、黑夜最长的一天，标志着太阳往返运动进入一个新的循环。“小寒”时天气寒冷但还没有到极点，民谚有“小寒时处二三九、天寒地冻冷到抖”，中国大部分地区已进入严寒时期，土壤冻结，河流封冻，加之北方冷空气不断南下，天气寒冷，人们叫做“数九寒天”。“大寒”是传统节气中极冷的时节，持续低温对于生物的生存往往是致命的，雪铺在地面，能使地面温度不会因严寒降得太低，还能为庄稼积蓄水分，同时雪富含多种含氮化合物，待春回大地，这些富含氮肥的雪水就是庄稼最好的肥料，雪融化的时候会吸收土壤中的热量，又会冻死一些庄稼害虫，这便是“瑞雪兆丰年”。在进化过程中，很多生物形成了抵抗低温逆境的机制。例如，多年生植物芽的休眠，一年生植物种子的休眠等；在高纬度地区，冬季食物匮乏，动物通过冬眠减少食物消耗和热量散失。近年来的研究发现，热带动物也会夏眠。除了温度外，缺少食物、光照、水分等原因都有可能诱发冬（夏）眠。

《二十四节气歌》集中反映了中国劳动人民的智慧，是中国古代人民观察太阳周期运动规律，对一年中时令、气候、物候等方面变化规律的总结，是中华民族悠久历史文化的重要组成部分。

4.3.3 躬行实践——错过了严冬，无法萌发

冬小麦、甜菜、萝卜、白菜等植物必须经历一段时间的持续低温，等到来年才能开花，如果不经历低温，春季播种，则植物只长茎、叶，不能开花。我们把需要经过持续的低温后，营养生长才能顺利转入生殖生长的现象称为春化作用。我国古人早就有用低温处理种子的经验，例如“闷麦法”：冬季将萌发的冬小麦种子装在罐中在低温下存放40 ~ 50天，春天进行播种，秋天能获得很好的收成。

下面让我们一起来验证春化作用。

验证种子的春化作用

- 选材

选择生活中易得的萝卜或小麦等冬性植物的种子。

- 制作培养皿

将6个矿泉水瓶距离底部3 ~ 5cm的地方割下，当作简易的培养皿，在底部铺上湿润的纸巾。

⚠ 安全提示

用刀子割矿泉水瓶的时候一定要注意安全。

- 分组

在6个自制培养皿中分别放入经过浸泡的20颗种子，并依次编号为1 ~ 6。

● 春化处理

将1～5组种子放在冰箱的冷藏室（4℃左右）。

在第10天时，取出冰箱中的第1组种子；依次，第20天取出第二组，第30天取出第三组，第40天取出第4组，第50天取出第5组种子。

将取出的种子和第6组的种子置于室温（22℃左右）条件下培养。

● 观察记录

在每组种子取出后的第三天（第6组则是从培养开始的第三天）拍照观察种子萌发情况，如幼苗的长度、幼叶的数量等。第七天计算种子的萌发率（萌发率=发芽数/20），以及经过营养生长后植物的开花率（开花率=开花植物的数/发芽存活植物数）。

参考文献

[1] 邢陈，宋伦. 昼夜节律产生和维持的调控系统[J]. 军事医学，2017，41（8）：698-702.

[2] 崔哲. 昼夜节律生理机制最新国际研究动态[J]. 照明工程学报，2014，25（3）：4-12.

[3] 官家家. 光照周期对蛋鸡生产性能及生物节律的影响[D]. 泰安：山东农业大学，2018.

[4] 苏琳瑛. 光周期对家蚕生长发育的影响[D]. 苏州：苏州大学，2016.

[5] 郑志刚. 打开生命时钟，重塑生命节律[J]. 物理，2017，46（12）：802-808.

[6] 李金泉. 青春期健康教育[M]. 重庆：重庆大学出版社，2017.

[7] 李伟霞，穆叶色・艾则孜，谢植涛，等. 清晨型与夜晚型量表-5项测评技工学校学生的效度和信度[J]. 中国心理卫生杂志，2016，30（6）：406-412.

[8] 大司农司. 农桑辑要 卷三 种桑[M]. 北京：北京图书馆出版社，2002：461.

[9] 屈大均. 广东新语[M]. 上海：中华书局，1985.

[10] 王秀梅. 诗经[M]. 北京：中华书局，2006：69.

[11] 宋应星. 天工开物[M]. 管巧灵，谭属春，点校注释. 长沙：岳麓书社，2001：9.

[12] 杨明. 哺乳动物冬眠的研究进展[J]. 沈阳师范大学学报（自然科学版），2013，31（4）：433-441.

[13] 王晗. 生物钟生物学及其研究进展[J]. 生命科学，2015，27（11）：1313-1319.

第5章 生态协调之美

明代诗人刘基在《解语花·咏柳》中有“依依旎旎、嫋嫋娟娟，生态真无比”的描述，诗中“生态”意为生动的意态；后来还有人用“生态”来描绘生物的生理特性和生活习性。随着“生态”使用的范畴越来越广，人们还会用“生态”来定义许多美好的事物，如健康的、和谐的等均可作为“生态”的修饰定语。现代生物学中的“生态”，源于古希腊，意指生物与生物、生物与环境之间环环相扣的关系。1869年，德国生物学家海克尔最早提出生态学的概念，成为研究动植物及其环境间、动植物之间对其生态系统影响的一门学科。

5.1　时过境迁，沧海桑田

“时过境迁”意为随着时间的推移，事情也跟着发生变化。科学家根据相关研究证据，推测地壳在地球的发展史上经历了许多巨大的变动，它是一场至今不能完全解释清楚的变化。科学家根据生物的发展和地层形成的顺序，将能看得见的大量较为高级的生物阶段划分为古生代、中生代和新生代。每个地质年代都带有“时过境迁”的深刻含义。

我国先秦典籍《山海经》形象地展现了一幅幅神奇的上古生活图卷，里面记录了许多灵异的禽兽，如“又西百八十里曰泰器之山。观水出焉，西流注于流沙。是多文鳐鱼，状如鲤鱼，鱼身而鸟翼，苍文而白首、赤喙，常行西海，游于东海，以夜飞”。大意是在泰器山看到水发源之处，向西流入流沙河，水中有很多文鳐鱼。

文中描述了文鳐鱼的形态（图5-1）和活动规律。《山海经》是包含着历史、神话、宗教、天文、地理、民俗、民族、物产、医药等多种内容的小百科全书，是最古老的地理人文志，为地球经历过的“时过境迁，沧海桑田”提供了有力的文字记载。

图5-1　文鳐鱼

5.1.1 “远芳侵古道”中认识生物演替的自然现象

《赋得古原草送别》是白居易在十六岁，参加科举考试中应考的习作。按照考试规矩，凡指定、限定的诗题前需加“赋得”二

赋得古原草送别

唐·白居易

离离原上草，一岁一枯荣。

野火烧不尽，春风吹又生。

远芳侵古道，晴翠接荒城。

又送王孙去，萋萋满别情。

字。全诗按考试的要求题意清晰，起承转合分明，对仗精工，全篇空灵浑成。在束缚严苛的科举考试中，此为少有的佳作。

这首诗虽是野草颂，实则是对生命的颂歌。野草茂盛生长、生生不息、岁岁荣枯是生命的律动，是生物生命延续的规律，但生命并不是在平庸中延续，而是放在熊熊烈火中焚烧，在毁灭与生命延续的永恒对比中，展现出生命力的顽强。野火焚烧象征生命的艰辛和考验，春风吹又生赞颂了生命的顽强不屈、执着不移。“侵古道”“接荒城”表现的是野草无所不在、势不可当的生命之态，拥有值得人赞美的生命意义。

从生态学的角度看，“远芳侵古道”就是一幅生物群落演替的景象。在人迹罕至的古道上，土壤中野草的种子生根发芽，并逐渐向路中央迁移，侵占了整个小路。野草耐贫瘠，生长周期短，繁殖力强，随着时间的推移，野草越长越多，占领了整个古道。这种在自然条件下，野草争夺资源的能力比苔藓强，逐渐取代苔藓的现象，生态学将其称为优势取代。野草主要是草本植物，群落演替到草本阶段（图5-2）。随着植物的生长，昆虫、小鸟等小动物就会逐渐在

图 5-2　草本阶段

草丛中安家落户。动物的粪便或者身上会携带从远方带来的其他植物的种子。如果一段时间后，灌木逐渐成为优势物种，植物群落便逐渐由草本阶段向着灌木阶段演替。在条件适合的无机环境中，高大的乔木取代灌木成为优势种，此时演替就进入森林阶段（图5-3）。取代并不代表原来的物种不能生存，而是生长受到抑制，不再是优势物种。演替会受到无机环境和人类活动的影响，若气温、气候等环境不适宜灌木或乔木生长，古道就会稳定在草本阶段。

图 5-3　森林阶段

5.1.2　天生有用——退耕还林

“退耕还林”是我国实施的西部开发战略的重要政策之一。坡耕地退耕还林如图5-4所示。退耕还林依据的就是生物群落的演替。人类活动可以影响群落的演替，将易造成水土流失的坡耕地有计划、有步骤地停止耕种，按照适地适树的原则，因地制宜地植树造林，恢复植被。近20多年来，我国持续的退耕还林政策，使再造秀美山川、建设美丽中国取得了显著成效。

图 5-4　坡耕地退耕还林

现在，我国退耕还林、封山育林中最常使用的方法是引入建群种。例如，在重庆江津区，选用本地良种——九叶青花椒作为退耕还林主推树种，花椒树的根系发达，能抓牢表层土壤，保水、保土能力强。江津区种植大量花椒树后，很快将过去的荒山秃岭变成了绿地。种植花椒（图 5-5）也成为当地农民最重要的致富产业之一。

图 5-5　花椒

退耕还林工程的实施，改变了农民传统耕作垦荒种粮的习惯，加快了治理水土流失和土地沙化的步伐，有效地改善了生态状况。

5.1.3 躬行实践——观察生态罐中植物群落的演替

群落的演替指的是一个生物群落被另一个群落所取代的过程，这一过程相对缓慢，需要一定的时间周期。任何一种植物群落演替的过程中，至少要有植物的传播、植物的定居和植物之间的竞争三个方面的条件和作用。植物的传播所需的繁殖体主要指孢子、种子、鳞茎、根状茎以及能够繁殖的植物体的任何部分；定居就是植物繁殖体到达新地点后，开始发芽、生长和繁殖的过程。

以下的实验，我们将创建一个生态罐模型，直接观察植物群落的演替。

观察农田作物种植的相互关系

- 实验材料准备

一个直径为10cm、高为25cm左右的透明玻璃罐；足够装至玻璃罐5cm厚的土壤；足够的清水；30粒绿豆种子或其他适宜生长的植物种子；4粒向日葵种子；水生植物；实验记录本和笔等。

● 实验步骤

（1）生态罐的准备（图5-6）

将土壤装入玻璃罐内，倒入适量清水，浸没土壤，敞口在室外静置一晚。

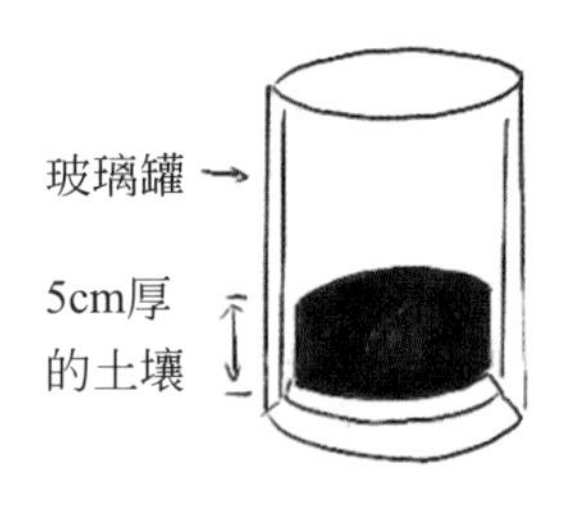

图5-6 生态罐的准备

（2）水生植物的定居（图5-7）

把水生植物种植在玻璃罐内，观察并记录实验现象。

⚠ 注意

此时如果水分逐渐蒸发，也不要向玻璃罐中继续加水。

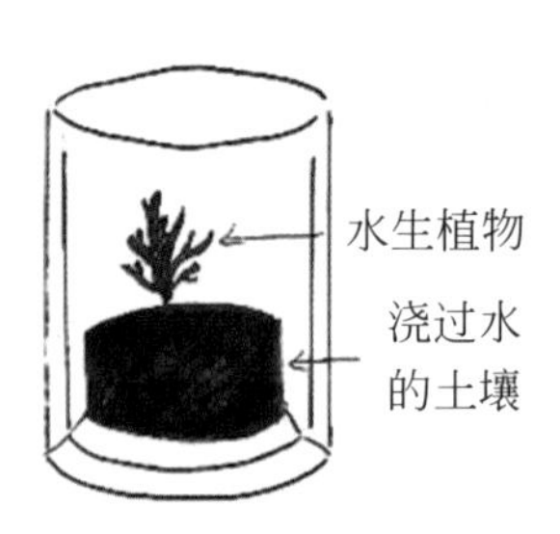

图5-7 水生植物的定居

（3）陆生植物种子的入侵

每次在玻璃罐中撒三粒绿豆种子，每周撒2次。观察并记录种子的萌发情况（注意这个阶段不浇水）。

在水生植物死亡后，继续加入绿豆种子，频率改为每周1次、1次三粒。在绿豆种子萌发后，加入向日葵种子，观察并记录。

（4）陆生植物的竞争

两种植物种子均萌发后，不定时地向玻璃罐中喷洒少量水，保持土壤湿润，如图5-8所示。观察两种植物生长情况并记录。

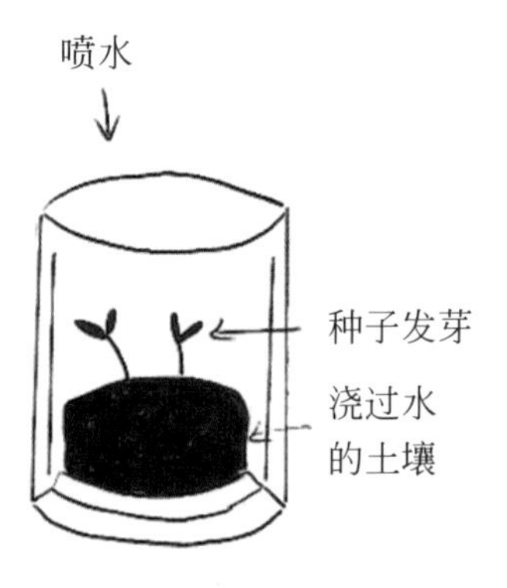

图5-8 模拟自然降雨，保持土壤湿润

5.2　见缝插针，物尽其用

早在战国时代，人们已经开始推行连耕制（或连作制），也就是根据当地的气候条件，选定适合的作物在早春播种收获后，再播种新一轮适合的作物，尽可能不让土地荒芜，提高了土地利用率。在南北朝时期，人们已经采取了间套混作的方式来提高土地利用率。例如，在桑树的行列间种植豆类或芜菁，充分利用了土地的间隙来生产更多的农产品。时至今日，在我国的种植业中依旧采用间种的农业生产模式，如图5-9展示的是苦瓜和叶类蔬菜的间种，它们高矮成层、相间成行，充分地利用空间和光能，有效地缓解了土地资源相对不足的矛盾，同时也提高了亩产量。

图5-9　大棚中苦瓜和蔬菜间种

《汉书·食货志》记载，战国时李悝为魏文侯作尽地力之教，“尽地力”成为一项“重农政策”。通俗地说，“尽地力”就是充分挖掘土地潜力，增加农业产量，也是“物尽其用”的表现。他提出增加农作物产量的三项措施：一是在同一亩耕地上要栽种多种作物，不只是种植一种农作物，这样，即使某种农作物因灾害而受损失，整个农业生产也可以不受到严重影响；二是深耕使农作物根深叶茂，反复耕耘使杂草不易繁殖，让农作物充分吸收营养、吸收阳光，在收获季节时，及时收获，不误农时；三是住宅周围要栽树种桑，菜园地要有垄有沟，田埂上也要利用空隙种植瓜果。这是充分利用一切可以利用的土地，发展多种经营，增加产量和收入，满足生活需要的重要措施。

“尽地力”是我国古代劳动人民在长期认识自然、改造自然的过程中，总结出来的“见缝插针”增种农作物的经验，可以最大限度地利用土地资源，是我国灿烂农耕文明的缩影。一代代勤劳和智慧的劳动人民，以其独特的方式开展农业生产活动，在漫长的农耕发展中积累了朴素的可持续发展观，悟出了“物尽其用”的用物哲学。我们的祖先对土地资源的合理利用，极具中国农业特色且富有深刻文化底蕴，对现代农作物的种植依然有很大的影响。

5.2.1 “地久耕则耗”和“地力常新壮”的生物学解释

一块土地是越种越肥沃，还是土地中的养分会逐渐消耗殆尽变成废地呢？在我国南宋时期，农学界为此发生了一场“地久耕则耗”和“地力常新壮”的大辩论。前者是宋代吴怿所著的《种艺必用》中以老农的名义代表的观点，指出土地只要种上三年五载，地力就会耗尽，必须舍弃另开新地，并以“三十年前禾一穗若干粒，今减十分之三”为例，认为土壤会越种越贫瘠。但南宋的农学家陈旉在《农书》中指出，土地种上三年五载地力就会耗尽的观点是错误的，是没有经过深入考察和思考的。如果常常给土地施以粪土农肥，土壤是可以改良的，地力也会提高且常年保持新壮，又怎么会有土敝气衰的情况呢？

生态系统

生态系统是生态学领域的一个主要结构和功能单位，是在自然界一定的空间内，生物与环境构成的一个统一整体。生态系统是一个开放的系统，许多基础物质在生态系统中不断循环。

这一场辩论，从今天已经知道的生物学道理来看，是站在不同角度观察和思考的结果。问题的关键是能否正确处理好用地与养地的关系。既用地又养地，用养结合，就会“地力新壮”；只用地不养地，便会“久耕则耗”。

“地久耕则耗”主要是因为农业生态系统中的沉积型循环受阻。农作物在生长的过程中逐渐消耗掉土壤里的镁、铁、铜、磷、钾等矿质元素，若不及时向土壤中补充这些矿质元素，就会阻断物质循环，进而导致土地的肥力逐渐下降，农作物产量就会越来越低，也就出现了“地久耕则耗”的现象。

合理施用农家肥是使“地力常新”的重要方法。这是因为农家肥包括了由杂草为原料积压成的堆肥、家禽家畜的粪便、柴草等农作物燃烧后生成的草木灰等，这些肥料都富含氮、磷、钾、钙等养分，促进农田生态系统的沉积型循环，使土地“越种越壮”，体现了我国传统农业物尽其用、地尽其利的养地观。

5.2.2 天生有用——合理的生态循环

“绿榆低映水边门，菱叶莲花数涨痕。苕霅风光夸四月，缫车声递一村村。做丝花落做丝忙，尽日南风麦弄黄。村里剪刀声乍断，又看二叶绿墙桑，”这首诗描绘的便是浙江湖州桑基鱼塘的乡村风情。

据史料记载，湖州桑基鱼塘系统始于春秋战国时期。其区域正处于太湖南岸的古菱湖群，又名湖州低地。当时的湖州属于“湖荡棋布，河港纵横，墩岛众多的洳湿之地”，雨季时大量河水会涌入湖群，时常发生洪涝灾害。为解决这个问题，我们的祖先采用了“先疏、蓄后排”办法，设计了“或五里七里为一纵浦，又七里十里为一横塘”的“纵浦横塘”的排灌系统，横塘用来蓄水，纵浦将水排入太湖；同时在低洼区深挖变成鱼塘，并将挖出的塘泥堆放在水塘周围成为塘基，最后逐步演变成为“塘中养鱼、塘基种桑、桑叶喂蚕、蚕沙养鱼、鱼粪肥塘、塘泥壅桑”的循环农业模式（图5-10)，形成了植物与动物互养、无废弃物积存、资源得到最大利用的生态良性循环系统。清代农学家张履祥对桑基鱼塘进行了概括总结:“凿池之土，可以培基。池中淤泥，每岁起之以培桑竹，则桑

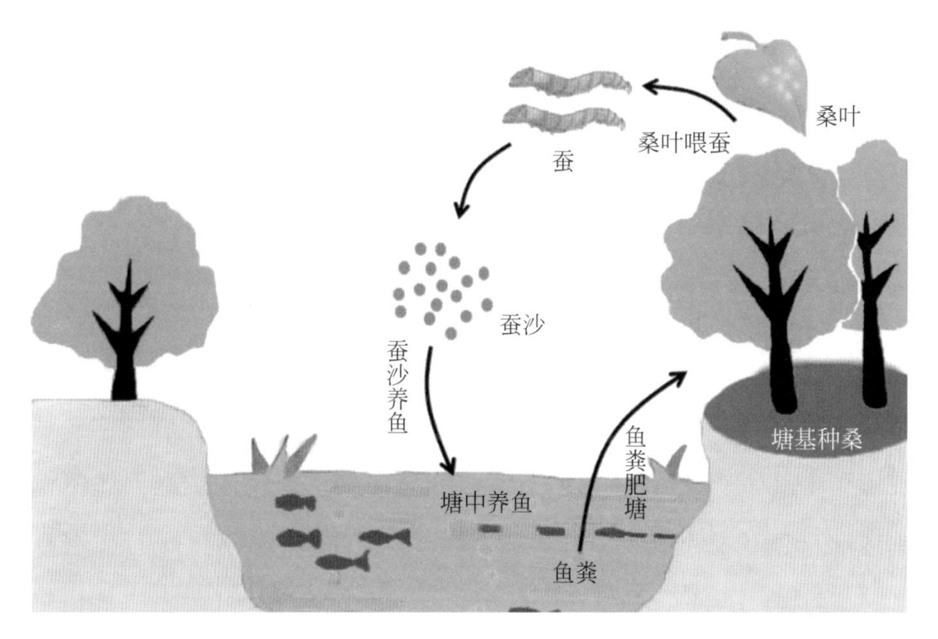

图 5-10　桑基鱼塘模式图

竹茂，而池益深矣。”可见，桑基鱼塘的成功之处是洼地的每一处都得到了有效的开发和利用，其科学的物质循环利用链和能量多级利用堪称完美。

浙江湖州桑基鱼塘系统至今仍然保留有6万亩桑地和15万亩鱼塘，是我国桑基鱼塘最集中、最大、保留最完整的区域之一，拥有我国历史最悠久的综合生态养殖模式。2018年4月19日，浙江湖州桑基鱼塘系统成为全球重要农业文化遗产，被联合国教科文组织评价为“世间少有美景，良性循环典范”，是勤劳简朴的人民对“地无遗利”意识的最好体现。通过农业生态系统中物质和能量的多级利用，使资源得到最佳配置，废弃物得到有效利用，对环境影响降到最低程度，成为生态循环农业的基本发展模式。

5.2.3 躬行实践——试试布置阳台的生态池塘

古时，我国人民已有崇尚“地无遗利”、充分利用好自然资源的意识。今天，已经形成了景观生态学、园林设计、现代园艺等不同的学科或专业，为人们利用好自然资源，追求更美好的生活提供指导和技术支持。例如，城市绿地的美化、公园景区的规划，还有旧房小区改造工程等，这些改变都充分体现了现代人类对自然资源规划和利用的理解，美化了我们生活和工作的场所，使人心情舒畅、身心健康。

所以我们可以试着布置一下家里的阳台，让家里的生态阳台更加绿色和环保，体现物质的循环利用。

布置阳台的生态池塘

- 材料选择

大水缸（塑料盆）、池塘泥、水生植物（铜钱草、水葫芦、风车草）、鱼类（鲫鱼、青鱼）、野生螺等。

- 实验步骤

（1）池塘缸的制作

在花市购买一小盆池塘泥（或者在允许挖掘的池塘边挖一小盆泥土）。

将泥放在阳光下暴晒干燥（5～7天，每天日落前收回，第二天太阳出来再搬出去晒，太阳的紫外线能杀死和杀灭藏在土壤中的害虫和虫卵）。

将泥土掰碎放入塑料盆。

沿盆的一侧栽种准备好的较高的植物（例如风车草）作为背景草。将较矮的植物（如铜钱草）埋在位置稍微靠前的地方，在中间留出一块空间，可观赏鱼类。

栽种好植物后，缓缓加入准备好的自来水（需曝气24h以上，倾倒时，应倒在手上作为缓冲，以免草根上的土被冲走）。

加好水，再放入漂浮性的水草（例如水葫芦等根无需栽入土中的植物）。

等待水澄清后，池塘缸初步完成。

（2）加入水生动物

将购买的少量小鱼苗（例如红鲫鱼和青鱼等）放入池塘缸，小鱼苗既具有观赏性，又能捕食蚊虫幼虫。

放入野生螺，防止缸中的藻类滋生。

⚠注意：鱼和螺的数量要根据缸的大小适量放入，尽量不超过10条或10只，以免缺氧。

根据个人的审美和喜好，可在阳台其他位置摆放盆栽；池塘缸里的水可以用来浇花。

5.3　稳中求进，吐故纳新

“稳中求进”是我国提出的一个经济学概念。我国在新的发展阶段经济总量不断扩大，但资源相对不足、环境承载力弱，只有节约能源资源，发展循环经济，加强环境治理和生态建设，才能解决经济增长的资源环境约束问题。“稳中求进”要求我们对生物资源进行适度的管理和保护，人与自然和谐共生，才能更好地生存与发展。

“吐故纳新”原指人呼吸时，吐出浊气，吸进新鲜空气。现多用来比喻舍弃旧的、吸收新的，不断更新。从生物学的角度看中国几千年的文明，适度地管理和保护生物资源，人与自然和谐共生的“稳中求进”“吐故纳新”，可以从我们的祖先认识国家兴亡需仰仗生态好坏开始。周代的文献中记载“禹之禁，春三月，山林不登斧，以成草木之长；夏三月，川泽不入网罟，以成鱼鳖之长；不麛不卵，以成鸟兽之长”。周文王临终之前嘱咐武王要加强山林川泽的管理，保护生物，“是鱼鳖归其泉，鸟归其林，孤寡辛苦，咸赖其生”。这些措施都是“稳中求进”保护生态环境的重要措施。

西夏的统治区域大致位于黄土高原西北部，地理环境和生态环境恶劣，水草树木对于生活在这里的人们来说尤为重要。为了改善环境，西夏王朝在《天盛律令》中要求：沿唐徕、汉延诸官渠等租户、官私家主地方所至处，应沿所属渠段植柳、杨、榆及其他种树，令其成材，与原所植树木一同监护，除按照时节剪枝条及伐而另植以外，不许任何人砍伐。

5.3.1 “草木植成，国之富也”的生态学依据

《管子·立政》中记载：“山泽不救于火，草木不植成，国之贫

也……山泽救于火，草木植成，国之富也”。在战国时期，植树造林受到人们的重视，树林的繁茂程度被认为是衡量国家贫富的重要标志之一。周景王二十一年，国库亏空，周景王打算铸金币。卿士单穆公上书极力劝阻，认为单靠铸钱币的办法并不能解决国库亏空的问题，铸钱所需金属原料要靠挖掘山林而得，如果山林资源枯竭，湖泽空无所有，田地荒芜，才是真正的财用缺乏，那个时候君主们忧虑危亡还来不及，哪有什么欢乐可言？

“夫山泽林盐，国之宝也”，表达了古人认为土地和山林是民众生存和发展不可或缺的基础资源，将山林当作是自然财富，视山林为国家财富的一个重要组成部分，充足的山林资源是国家财富丰足的象征。

“草木植成”属于森林生态系统（图5-11），其生物种类丰富，

图5-11　森林生态系统

层次结构较多，食物链较复杂，光合生产率较高，所以生物生产能力也较高。其在陆地生态系统中具有调节气候、涵养水源、保持水土、防风固沙等功能，在维持生物圈的稳定、改善生态环境等方面起着重要的作用。

森林里的植物有乔木、灌木、草本植物等。乔木是森林的主体，高大的乔木可用于制造建筑、车辆、船舶、枕木、家具等；利用乔木制造的木炭能作为燃料提供能源，还具有清洁空气、过滤水质等作用。

灌木处于乔木层下，许多灌木和半灌木中所含的营养物质丰富且含量较高，可以为草食家畜提供优质的粗饲料，降低养殖的成本，如柠条、沙柳、紫穗槐、花棒等。

草本植物覆盖在土壤表面，许多草本植物不仅具有营养价值，还具有药用价值，如车前草、板蓝根、柴胡、薄荷等。

植物可以涵养土壤的水分；能利用光能，吸收二氧化碳，合成有机物并释放氧气，改善环境；还能提供各种资源，如核桃、花椒、油茶、油橄榄、油棕等植物的种子可用作油料资源，板栗、枣、柿、榧子、松子等可作为食物，植物的枝、干、叶还可提炼食用淀粉、维生素、糖等。

绿水青山才是金山银山，无论古时还是今日，森林树木对于一个国家而言都是十分重要的，在人类社会的发展中具有很高的经济效益和社会生态效益，植树造林也是我国生态文明发展和经济发展的重要举措。2016年以来，已经有100万建档立卡贫困人口被全国林草系统选聘，担任生态护林员，有300多万群众摆脱了贫困。植树造林不仅提高了经济效益，也是国家富强的基础。

5.3.2 天生有用——适应生态的科学“引种”

图 5-12 水葫芦

水葫芦（图5-12）又名凤眼莲，因其具有观赏价值和净化水质的作用而被许多国家推广种植，一度被誉为“美化世界的淡紫色花冠”。20世纪初，我国引入了凤眼莲，作为猪饲料被推广种植。80年代，由于昆明滇池流域的工业生产发展迅速，人口数量也急剧增长，污染问题日益严重，工业废水与生活污水的排入使得滇池水体富营养化，水质大幅度下降。为了净化滇池水体，当地政府决定在滇池引入水葫芦。为发展当地的旅游业，同期在昆明建成了“大观河—滇池—西山”的理想水上旅游路线。

水葫芦喜欢温暖湿润、阳光充足的环境，适宜水温为18 ~ 35℃，超过35℃也可顽强生长。水葫芦的生长周期很长，一

水体富营养化

水体富营养化是指水体中氮、磷等营养物质的富集，其实质是富集的营养物质的输入输出的平衡被打破，导致某些物种如藻类及其他浮游生物迅速繁殖，破坏了原系统中物质和能量的流动，使原有的水生态系统中其他生物大量死亡。

般为8个月左右，自夏至秋开花不绝，因其分生能力极强，所以繁殖迅速，“春季分一棵，秋季几千株”，特别是在高温季节日照时间长、温度高的条件下生长更快，具有很强的竞争力。毫无疑问，四季温暖如春的昆明滇池是水葫芦生长的绝佳环境。

由于缺乏前期生态学的考察，引种到昆明的凤眼莲缺少天敌，富营养化的水体适合凤眼莲的生长，顺水漂浮，凤眼莲的匍匐枝与母株分离后能快速长成新植株，由此给滇池生态系统造成了全方位的破坏。覆满水面的水葫芦，遮住了水面的阳光、消耗了水体中的氧气，严重影响了水生植物的光合作用，使得本地水生植物相继消亡，也严重影响了土著鱼类的繁殖和生长。云南农业大学的研究显示，20世纪90年代末，滇池内仅剩3种水生植物，鱼类则从15种降至5种，严重威胁着渔业的发展和壮大。在20世纪90年代初，大观河和滇池里的水葫芦疯长成灾，昆明每年为打捞水葫芦投入的成本已经高达400万～800万元。水葫芦覆盖了整个河面和部分滇池的水面，使游船不能正常行驶，导致水上旅游线路取消。

为保护滇池，昆明西山区新河社区的妇女们自发组成“巾帼打捞队”，每天工作八九个小时，风雨无阻地打捞滇池水域中疯长的水葫芦以及垃圾等漂浮物。在投入了巨大的人力、物力、财力后，历经10年多，直到1999年昆明世博会前夕，才将水葫芦从滇池以及相关水域基本打捞干净。

2011年5月，云南启动了滇池清理“十二五”规划项目之一“滇池水葫芦治理污染试验性工程”，借鉴太湖生态治污经验，与江苏农业科学院携手，在滇池内圈养26km^{2}的水葫芦（图5-13），作为治理滇池水体污染的措施。在社会各界的一片质疑声中，这一项工程还是实施了，治理却取得了意想不到的效果。有研究表明，滇池草海的水质有了不同程度的持续改善，2011年草海水体透明度比2009年提高了2.37倍。

图 5-13　圈养水葫芦

滇池两次引种水葫芦，却得到了完全不一样的结果。水葫芦可以吸收工业废水中的稀土元素、铅、汞、镉、镍等，吸收农药污染物及废水中的有机污染物，在较为干净的水质中不会疯长，反而有净化水质、美化环境的作用。严重的河流污染对水葫芦而言就是营养大餐，它来者不拒，全盘吸纳。滇池第一次引入水葫芦是在水质污染最严重之时，富营养化极其严重，并且在滇池中并无水葫芦的天敌，得天独厚的环境条件使得水葫芦可以快速地无序生长繁殖。而在滇池第二次引入水葫芦时，因为有人为控制的圈养，人们有效控制其生长范围，做好了机械化采收及资源化利用管理。生态学家也开始研究大自然中能对付水葫芦的天敌，经过测试实验发现，在昆明大观河和滇池释放水葫芦象甲可以有效抑制滇池水葫芦的生长，且能保持与水葫芦的生态平衡。

生态平衡是一种相对平衡，任何生态系统都与外界有联系，经常受到外界的干扰。但生态系统有一定的自我调节能力，面对外界的干扰和压力具有一定的弹性，但这个能力是有限的，如果外界干扰或压力在其所能忍受的范围之内，当这种干扰或压力去除后，它可以通过自我调节而恢复；但如果外界干扰或压力超过了它所能承受的极限，其自我调节能力也就遭到了破坏，生态系统就会衰退，

生态平衡

生态平衡是指在一定时间内生态系统中的生物和环境之间、生物各个种群之间，通过能量流动、物质循环和信息传递，使它们相互之间达到高度适应、协调和统一的状态。

甚至崩溃，造成生态失衡。引种在生态系统中就是“吐故纳新”，但需要做好必要的研究和论证，才能更好地展现出稳中求进的生态学思想。

我们所熟知的很多水果和蔬菜都是外来物种，并且是在较早的时期就已经成功引进。中国古代对域外作物的引进过程有“三次引进高潮”之说，分别是汉代、唐宋、明清。

首先是汉代，因“丝绸之路”开发引进的农作物对我国农业产生了重大影响，当时从“西域”引进了许多新的作物种类，这类品种多数冠以“胡”字，如胡麻（图5-14）、胡豆（蚕豆）、胡瓜（黄瓜）、胡椒（图5-15）等，有少数音译的，如“葡萄”和饲料作物“苜蓿”（mù xu）（图5-16）。

图5-14　胡麻

图5-15　胡椒

第二次是唐宋时代，许多蔬菜和水果都是在这个时期从国外引进的。这些品种名称多数为原名音译，蔬菜如莴苣、菠棱菜（菠菜），水果如波斯枣（海枣）（图5-17）、菠萝蜜，以及以产地命名的受大众喜爱的消暑水果——西瓜（西域瓜）（图5-18）。宋元时期，棉花开始传入中原地区，才有了家喻户晓的“黄道婆”推广棉纺织手工业的故事。

第三次是明清时代，这是历史上从国外引进作物种类最多的时期。它们的名称多冠以“番”字或“洋”字，如红薯称番薯、玉米称番麦、辣椒称番椒、西红柿称番茄、马铃薯称洋芋，还有番木瓜（图5-19）、番桃[也称番石榴（图5-20）]、洋葱等，以及烟草也是明清时代引入的。当时通过多种途径引进的这些原产于美洲新大陆的作物，对我国的作物结构产生了很大的影响。

图5-16　苜蓿

引种成功为引种地带来巨大的经济效益，丰富了当地的

图5-17　波斯枣

图5-18　西瓜

图 5-19　番木瓜

图 5-20　番石榴

植物遗传资源。引种不当或在引种中检疫不严，则会造成非常严峻的生物入侵问题，还会造成不可估量的经济损失。因此，引种应以科学的理论和技术为基础，掌握相关生物的生态类型以及引种地域原产地的气候土壤条件，科学合理、有的放矢地进行引种，才能在带来经济效益的同时维持生态环境的平衡。

5.3.3　躬行实践——寻找那些存在于照片中的风景

我国不断加强生态治理工作，数十年来，相继实施了退耕还林还草、“三北”防护林体系建设、京津风沙源治理、石漠化综合治理等重点生态工程，开展了沙化土地封禁保护区和国家沙漠公园建设等项目，我国对沙漠的治理成为全球楷模。

现在我们又紧紧围绕建设美丽中国的目标，创设更舒适的居住条件、更优美的环境，以满足人民对美好生活的向往。这是未来一段时间我们在生态文明建设与城市生态治理方面的奋斗目标。

让我们来找一找在建设美丽中国的道路上那些美丽的风景吧。

寻找存在照片里的风景

● 材料准备

准备相同地方的老照片和新照片（可以用在相同地方爸爸妈妈年轻时候的照片和现在你们故地重游的照片）。

● 比较差异

找找相同地点的标志，分析风景变化的特点。

● 分析特点

请你搜集资料，从生态学的角度分析这些风景的变化具有哪些优势。

参考文献

[1] 邓启铜注释. 山海经[M]. 云南：云南大学出版社，2006：52.

[2] 刘亚民. “沧海桑田”[J]. 石家庄经济学院学报，1979，2（3）：67-68.

[3] 佚名. 古人对植树的记载与热爱[N]. 上海法治报，2020-03-11（B07）.

[4] 魏志刚. 恢复生态学原理与应用[M]. 哈尔滨：哈尔滨工业大学出版社，2012：80.

[5] 孙小木，程明. “群落的演替”教学内容的整合[J]. 生物学教学，2011，36（1）：70.

[6] 董恺忱，范楚玉. 中国科学技术史：农业卷[M]. 北京：科学出版社，2000：270-271，714.

[7] 郭庠林，张立英. 华夏经济春秋[M]. 合肥：安徽人民出版社，1986：48-50.

[8] 郭文韬. 中国传统农业思想研究[M]. 北京：中国农业科技出版社，2001：211.

[9] 陈敷. 农书[M]. 北京：中华书局，1985：6.

[10] 冀昀. 吕氏春秋[M]. 北京：线装书局，2007：650.

[11] 叶明儿，黎静，钱文春，等. 湖州桑基鱼塘系统形成及其保护与发展现实意义[J]. 中国农学通报，2014，30（增刊）：117-123.

[12] 吴怀民，金勤生，殷益明，等. 浙江湖州桑基鱼塘系统的成因与特征[J]. 蚕业科学，2018，44（6）：947-951.

[13] 陈希玉，等. 转变发展方式　建设现代农业[M]. 济南：山东科学技术出版社，2015：67.

[14] 汤升享，唐云丽. 中国林业之最[M]. 北京：中国林业出版社，1993：148-149.

[15] 薛安勤，王连生. 国语译注[M]. 长春：吉林文史出版社，1991：125-128.

[16] 陈业新. 儒家生态意识与中国古代环境保护研究[M]. 上海：上海交通大学出版社，2012：124.

[17] 孔繁德. 生态保护[M]. 北京：中国环境科学出版社，2005：47.

[18] 李满双，金海，薛树媛. 灌木、半灌木饲料资源及其开发利用[J]. 黑龙江畜牧兽医，2015（7）：120-123.

[19] 刘力群. 精准扶贫视域下生态护林员政策相关问题研究[D]. 北京：北京林业大学，2018.

[20] 张霞，蔡宗寿，陈丽红，等. 滇池水葫芦规模化控养生态环境效应分析[J]. 环境工程，2013，31（S1）：288-291.

[21] 王公德. 一种值得商榷的引种——凤眼莲引种的得失[J]. 生物学通报，1997，32（7）：27-28.

[22] 赵维钧. 引进天敌象甲控制水葫芦研究[J]. 西南农业学报，2006，19（5）：900-905.

[23] 中国科学技术协会. 农村科技文化知识简明读本[M]. 北京：科学普及出版社，2002：8.

第6章 顺其自然之理

我们的祖先很早就通过观察汲取自然万物的特点，为改善生活提供了丰富的信息宝库，也创造了属于中国人自己的文明。

在本章，我们将通过介绍我国传统的健身方法——五禽戏、传统医术——针灸以及古老文字——象形字，来认识蕴藏在其中的生物学知识。

6.1 海上呼三岛，斋中戏五禽

“海上呼三岛，斋中戏五禽”意为“面对东海呼喊瀛洲、方丈、蓬莱三岛的神仙，在房舍中还常做华佗发明的养生五禽术”，这是唐代诗人李商隐的诗作，赞颂华山中的孙道士仙人一般的生活。五禽术一直流传至今成为我国传统的健身功法。五禽戏（图6-1），又名五禽操、五禽术、五禽气功等。五禽戏相传是东汉神医华佗所创，《后汉书·华佗传》载“吾有一术，名五禽之戏，一曰虎，二曰鹿，三曰熊，四曰猿，五曰鸟。亦以除疾，兼利蹄足，以当导引。体有不快，起作一禽之戏，怡而汗出，因以著粉，身体轻便而欲食”。大意是华佗创立的五禽戏，分别为虎戏、鹿戏、熊戏、猿戏、鸟戏，五禽戏既可以除病，也可以强壮腿脚。身体不舒服时，就起来做五禽戏中的一戏，在流汗浸湿衣服后，气色通顺，脸上像上了粉一样，身体便觉得轻松便捷，也想吃东西了。

五禽戏现已成为传统民族养生体育项目之一，2011年5月，华佗五禽戏被国务院批准列入第三批国家级非物质文化遗产名录。现

图 6-1　五禽戏图解

代医学研究证实，模仿五种动物的各种姿态可以使全身的各个关节、肌肉都得到锻炼，气血得以疏通，达到祛病健身的目的。通过对中老年人进行五禽戏实验研究，发现五禽戏对练习者的身体形态、身体机能、身体素质等方面能产生积极的影响，同时对改善和调节练习者的心理状态也具有较好的效果，能有效地提高练习者的身心健康。此外，有研究显示，在校大学生进行为期2个月的五禽戏练习实验后，对各项生理指标（血压、呼吸频率、肺活量、心率、体前屈、体脂百分比）实验数据进行对比，证明五禽戏是中小强度的运动方式，具有良好的健身效果。

6.1.1 五禽戏里的仿生学

五禽戏被誉为“中国运动医学和康复医学的首创之作”，是人们通过模仿五种动物的“形”“神”“意”，达到强身健体之效。其每一禽戏，都是针对某一部位而设计的：虎练骨、鹿练筋、熊练脾胃、猿练心、鸟练皮毛等。

仿生学

仿生学是模仿生物的科学，人们通过观察、分析、研究生物所具有的特殊本领，研究其结构与功能的工作原理，并根据这些原理发明出新的设备、工具和技术的科学。

虎作为“兽中之王”，气势凶猛，威风八面，具备勇猛和强大力量的特征。五禽戏之“虎戏”仿效虎的威猛，有“虎举”和“虎扑”两个动作。“虎举”仿效猛虎发威，两手如提千金之势。“虎扑”模拟“虎跃起前扑、饿虎扑食”，后腿用力后蹬、腰臂猛发力、双掌猛向前扑，好似“猛虎下山、地动山摇的威势”，如图6-2所示。

图6-2 虎扑

鹿生性机灵、身体轻盈、

四蹄矫健，善奔走。“鹿戏”仿效鹿的安舒之态，外形仿效鹿漫步回盼、轻捷自由奔跑的动作，有“鹿抵”和“鹿奔”两个动作（图6-3）。“鹿抵”仿效鹿转颈回首顾盼自己的尾部，呈现鹿安闲雅静，又左右环视，以防猛兽袭击的神态。“鹿奔”如鹿大步奔跑之势，呈现鹿扑捉、奔跑时轻松愉快的神态。

图 6-3　鹿抵（左）和鹿奔（右）

“熊戏”主要是效仿熊“憨态可掬”的动作，同时取其内在的气力，外形模仿熊站立和行走的动作，分“熊运”（图6-4）和“熊晃”两个动作。“熊运”似一只站立的熊，体态笨重，晃晃悠悠欲倒之。“熊晃”取熊步行之形，缓慢愚拙，自然沉稳，“外观笨重拖沓，其实笨中生灵，蕴含内劲，沉稳之中显灵敏”。

图 6-4　熊运

图 6-5 猿摘

五禽戏的“猿戏”以猿为模仿对象，动作外形取自猿左顾右盼和采摘仙桃，轻巧自如，分“猿提”和“猿摘”两动作。“猿提”取向于猿窥之势，表现在茂密的枝叶中找寻鲜果的急切心态；“猿摘”模仿猿之神态（图6-5），表现出猿猴采鲜果时的机智灵敏以及采摘成功后愉悦的神态。

图 6-6 鹤

五禽戏中的“鸟”则以鹤为代表。“鹤”在中国历史上被公认为一等文禽。鹤是一种灵敏、善于展翅飞翔的大型鸟类（图6-6）。古人认为鹤美丽、典雅、高贵。五禽戏之“鸟戏”，动作仿效白鹤亮翅，欲飞或展翅空中飞翔之势，分“鸟伸”和“鸟飞”两个动作。“鸟伸”仿效鸟类将飞起之际，尾部翘起朝向天空，双手随俯身弯腰之势，伸向前下方，如作打躬的姿势。“鸟飞”取义为鸟在空中飞翔，形仿效仙鹤在空中大鹏展翅，一开一合、缠绵起伏，自由自在、舒展自若。

6.1.2 天生有用——仿生学里的高科技

西汉《淮南子》载“见飞蓬转而知为车，以类取之”。大意是见到随风旋转的飞蓬草[1]而发明了轮子，从而做成装有轮子的车。《韩非子·外储说》载墨翟居鲁山（今山东青州一带）“墨子为木鸢，三年而成……”，意为墨子研究了三年，终于用木头制成了一只木鸟……墨子通过模仿鸟制造的这只“木鸢”就是中国最早的风筝。

图 6-7 风滚草

古往今来，人们从自然界中获得了技术设计和创造发明的源泉，通过对自然世界的学习和研究，仿生学为人类提供了最可靠、最灵活、最高效、最经济的技术系统，并造福于人类。20世纪60年代，仿生学正式成为了一门独立的学科，并且随着技术的进步不断发展。

---

[1] 古人所见飞蓬草与现代的风滚草（图6-7）类似。

例如，通过观察鱼类和鲸豚类在水中独特的前进方式，仿生学从形态、结构、功能、控制等诸方面对动物进行模仿和学习，设计出了水下推进系统“机器鱼”。与传统的螺旋桨水下航行器相比，机器鱼实现了推进器与舵的统一，具有高机动、低扰动、高隐蔽性等优点，更加适合在狭窄、复杂和动态的水下环境中进行监测、搜索、勘探及救援等工作。

由于人脑的运算方式具有高效率、低功耗的特点，仿生学致力于模仿人脑的信息处理方式，开发类神经网络计算，为实现高效运算寻找潜在途径。目前，类神经形态器件有了较广泛的研究，其相关材料、制备工艺和器件结构不断得到优化，这些器件依靠独特机理，能够直接从物理层面模拟突触和神经元的行为。

图 6-8　类人型机器人

作为仿生学和机器人学高度发展与相互融合的产物，仿生机器人在运动灵活性、机动性、隐形性、适应性及能源供给等方面有明显优势，可广泛应用于侦察、反恐、搜索救援、星际探索、服务业及娱乐等领域。例如，具有人类外观特征、可以模拟人类行走与基本操作功能的机器人称为类人型机器人（图 6-8）。类人型机器人是一个国家高科技实力的重要标志，集机、电、计算机、材料、传感器、控制技术等多门学科于一体，一直是发达国家重点研究开发的技术之一。类人型机器人应用领域广泛，不仅可以在有辐射、有粉尘、有毒等环境中代替人工作业，而且可以在康复医学上形成一种动力型假肢，协助截瘫病人实现行走的梦想。

6.1.3 躬行实践——认识植物蒸腾作用的高效性

蒸腾作用是水分从活的植物体表面，以水蒸气状态散失到大气中的过程，如图6-9所示。与物理学的蒸发过程不同，植物蒸腾作用不仅受外界环境条件的影响，而且还受植物本身的调节和控制，

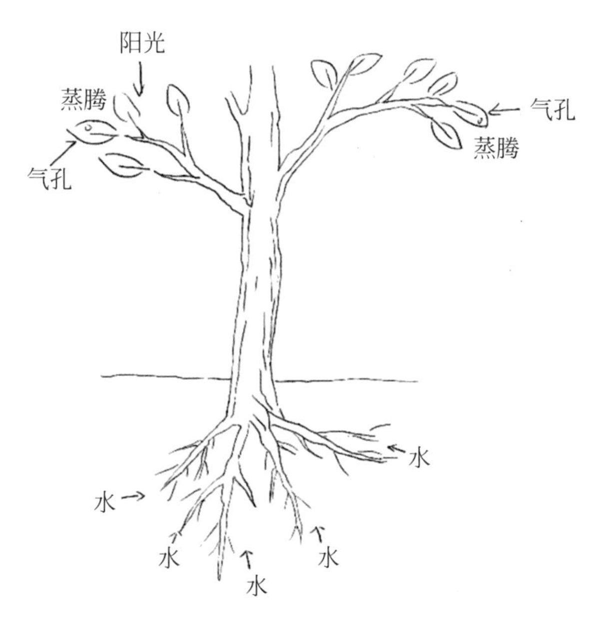

图6-9 蒸腾作用过程

是一种复杂的生理过程。水分主要经过的路径为：土壤→根毛→根部导管→茎部导管→叶部导管→气孔→大气。植物叶面上的气孔，对植物的蒸腾有着非常重要的作用。气孔的数目多、直径小，在气孔面积相同的情况下，多个小孔的扩散能力要比一个大孔的扩散能力强，也就是小孔扩散的边缘效应。水分通过小孔扩散的量和小孔的周长成正比，而与小孔的面积不成比例。这是因为水分蒸腾时，小孔边缘阻力较小，而中心的阻力较大，水分容易顺着小孔边缘扩散出去，因此，孔的周长越长，其扩散效率越高，植物通过气孔的蒸腾效率就高。目前市面上的一些加湿器以及香薰仪就是模仿了植物的蒸腾作用，能有效降低加湿、香薰过程中的电能消耗。

足够强的蒸腾拉力确保了植物从土壤中吸收水分和养分，水分离开叶片时还会带走大量的热量，避免了高温对叶片的灼伤，这对植物的生理代谢有着重要意义。

下面我们就一起来动手制作模拟气孔扩散的模型吧。

模拟气孔扩散的模型制作

- **实验准备**

两张相同大小的滤纸、95%酒精、石蜡、培养皿、天平等。

- **材料处理**

一张滤纸片裁剪出边长为3cm的正方形，另一张裁剪出9个边长为1cm的正方形。

⚠ 安全提示

裁剪时，不要划伤自己。

再将两张滤纸浸没于熔化的石蜡中，接着将带蜡的滤纸盖在培养皿上，沿培养皿边沿按压，直至将滤纸密封在两个培养皿上，如图6-10所示。

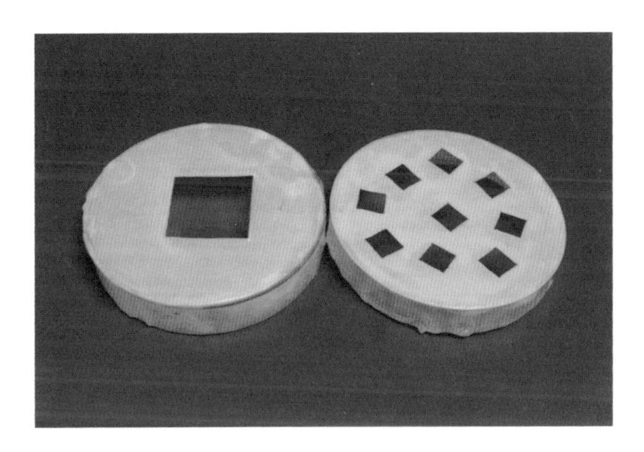

图6-10 石蜡密封后的培养皿

● 实验步骤

把两个培养皿分别放在天平左右两个托盘上，调平；然后各加入30mL的95%酒精，再次调平，如图6-11所示。

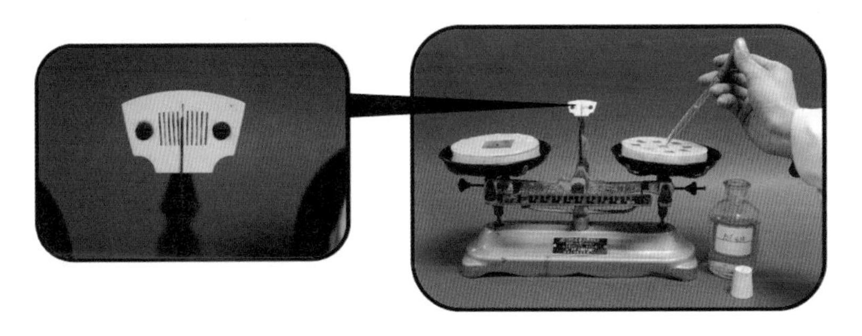

图6-11 倒入酒精

- 观察

1.5h后，观察天平指针的偏转方向，如图6-12所示，比较哪边酒精挥发得更快。

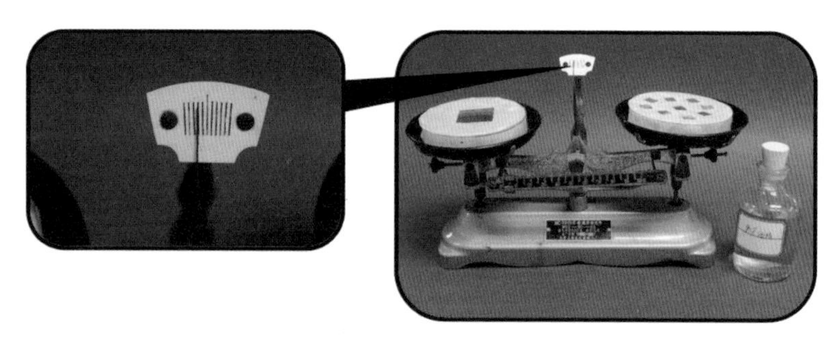

图6-12 观察结果

6.2 望闻问切了玄机，砭灸针拔除百病

“望闻问切”是中医的“四诊”法。“望”是对病人的面色、舌苔等进行有目的的观察，以测知内脏病变。中医通过大量的医疗实践，逐渐认识到机体外部，特别是面部、舌质、舌苔与脏腑的关系非常密切。如果脏腑阴阳气血有了变化，就必然反映到体表。“闻”主要是听声音和嗅气味两个方面，听患者语言气息的高低、强弱、清浊、缓急等变化，以分辨病情的虚实寒热。“问”就是询问病情，通过询问患者或其陪诊者，以了解疾病发生的时间、原因、经过、既往病史、患者的病痛所在，以及生活习惯、饮食

爱好等与疾病有关的情况。“切”用手指按腕后桡动脉搏动处，借以体察脉象变化，也就是摸脉搏。最早全面运用中医四诊法的人是扁鹊，现在“四诊”已成为一套完整的中医理论体系，在临床上，医者通常是四诊并行。但是中医诊法的理论与技术性，主要体现在“望色”和“切脉”（图6-13）二诊之中，这也是传统中医诊断方法的特点。

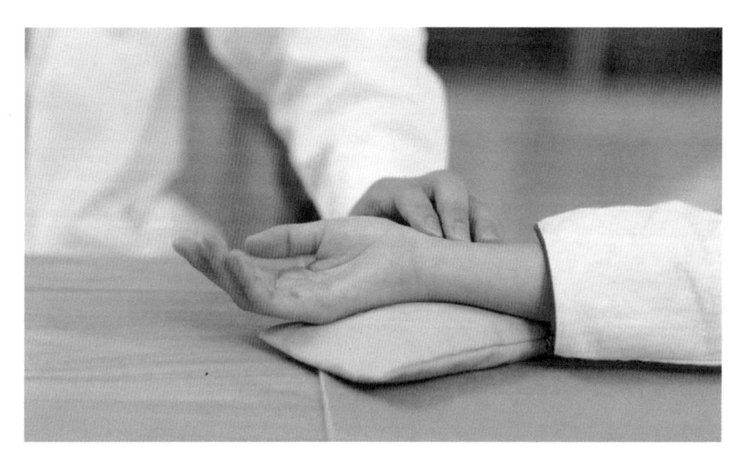

图6-13　切脉

“砭灸针拔”为中医理疗中的外治术，按摩、针砭、热熨以及骨伤的整复等为中国传统医学早期最常用的几类外治法。“砭”法在医学史书的记载中，可分为两种：一是用砭石刺割，可治疗痈疡；二是用砭石在疼痛处施行按压、摩擦等动作，以求缓解疼痛，也就是我们常说的刮痧。“灸”法，是把燃烧着的艾条，在穴位上熏灼皮肤，用热的刺激来治疗疾病。现在的“灸熨”泛指各种在身体表面施加热能的治疗方法。“针”法，是利用针按一定穴位刺入病人的体内，以治疗内病。针砭，亦称针石，针砭或针石是金属和石器两种外治工具的总称。利用钝形器物的按压方法隶属于“针”

的范畴。“拔”即拔火罐，是以罐为工具，利用燃火、抽气等方法产生负压，使之吸附于体表，造成局部瘀血，以达到通经活络、行气活血、消肿止痛、祛风散寒等作用的疗法，如图6-14所示。在中医外治疗术中还可针石并用。

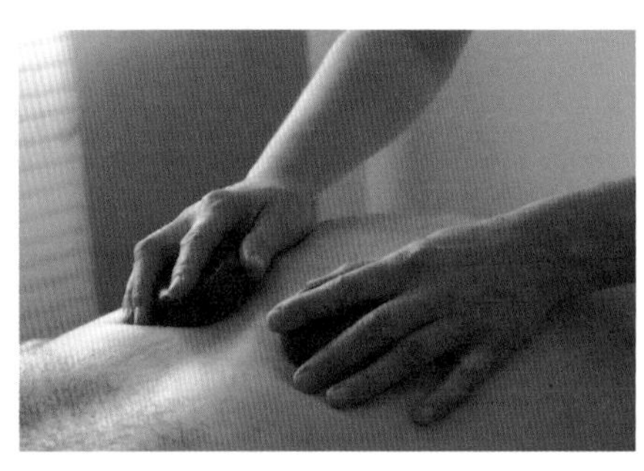
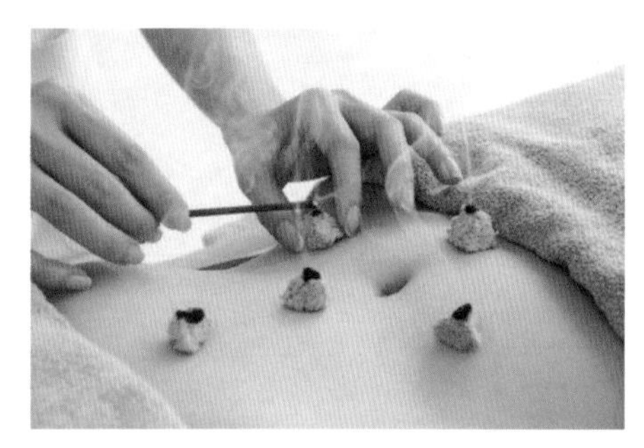
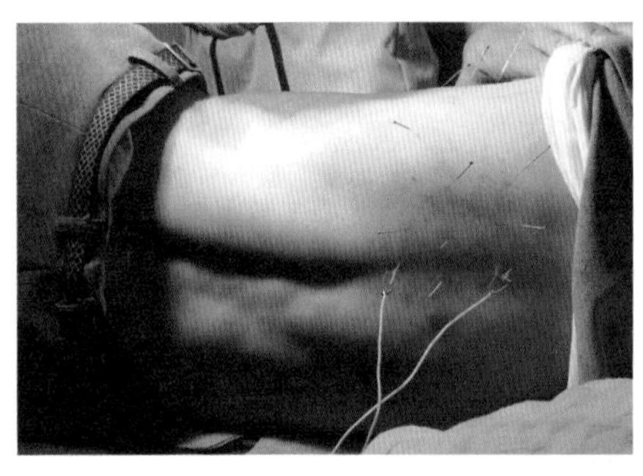

图6-14　刮痧（左上）、艾灸（右上）、针灸（左下）及拔火罐（右下）

“中医”的起源可以追溯到上古时期。“医之始，本岐黄”，此为《医学三字经》开篇第一句话，“岐”指岐伯，“黄”指黄帝。相传黄帝常常与岐伯及其他臣子坐在一起探讨医学理论，对疾病的病因、诊断及治疗等原理提出问题，并对此做出解答。后人将黄帝和岐伯的问答记载于《黄帝内经》这部医学著作中。黄帝和岐伯也被视为医家之祖，“岐黄之术”就是指中国医术。

中医学是中华文化的瑰宝，是中华文明之花。当今世界，没有任何一个国家的传统医学像中医一样有着数千年的历史传承，至今仍保存着近一万种古代医学文献及十几万个治病方剂。在几千年中医理论和实践发展中，中医不断汲取中华文化的精华，形成了人文与生命科学相融合的知识体系。它不仅是单纯的疾病医学，更是一种综合性的人文生命学，是一种被古人称之为“生生之具”的关于生命智慧的学问。

6.2.1　认识人体的生命基础

《黄帝内经·素问·宝命全形论》载：“夫人生于地，悬命于天，天地合气，命之曰人。”大意是人在大地出生，其命运与自然相关，天地之气融合，生命即称为人。这是古人从自然整体融合的角度对人的认识。张伯礼、吴勉华主编的《中医内科学》中指出中医在辨证时重视自然环境对人体的影响，把“调节整体平衡”视作治疗原则。这也是我国古人对“稳态”的认识。

19世纪法国生理学家Claude Benard（克洛德·贝尔纳）提出“内环境”的概念，认识到内环境保持相对稳定是生物体自由生存的条件。生理学将细胞外液的理化特性保持相对稳定的状态称为“稳态”。理化特性包括温度、渗透压、酸碱度、各种离子浓度等，都要保持相对稳定。生命活动每时每刻都在进行着新陈代谢，生命活动所需的氧和营养物质要经过呼吸、消化系统从环境中获得；同时，在新陈代谢过程中产生的代谢废物要经排泄器官排出体外。稳态是一个动态的变化，如果内环境理化特性变动的幅度过大，超过人体的调节限度将导致人体生理功能紊乱。

内环境

内环境是细胞生活与活动的环境，也称细胞外液。

具体而言，内环境是细胞直接进行物质交换的场所，细胞代谢所需要的氧气和各种营养物质只能从内环境中摄取，而细胞代谢产生的二氧化碳等产物也需要直接排到内环境中，然后通过血液循环运输，由呼吸和排泄器官排出体外。

现代生物学已经认识到人体是由多细胞组成的，是一个多系统的复杂有机体。生命系统的结构层次由简单到复杂，依次为细胞、组织、器官、系统、个体、种群、生态系统、生物圈。细胞是构成有机体的基本结构单位，也是有机体代谢与执行功能的基本单位，构成动物体与植物体的细胞均有基本相同的结构体系。以人体细胞的结构为例，由外到内是细胞膜、细胞质和细胞核。在细胞质中有多种结构和功能相异的细胞器，各个细胞器精密分工、协调配合，共同完成生命体的各项生命活动，如图6-15所示。

与动物细胞相比，植物细胞有其特有的细胞结构和细胞器，如细胞壁、液泡和叶绿体等。植物的细胞壁产生了地球上最多的天然聚合物：木材、纸与布的纤维。

组织是由许多形态结构相似、功能相近的细胞通过细胞间质结合在一起。人体有4种基本组织，即上皮组织、结缔组织、肌肉组织和神经组织。器官是几种不同的组织有机结合在一起，形成具有一定形态、具备一定功能的结构，如心、肺、脑等。系统是由许多能共同完成某一方面功能的器官组成，例如运动系统、呼吸系统、

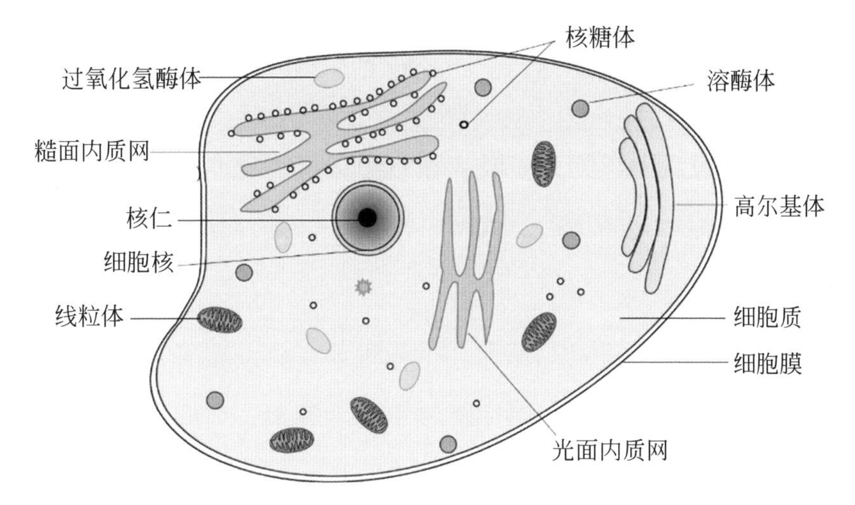

图 6-15　人体细胞的结构示意图

消化系统、循环系统、泌尿系统、免疫系统、神经系统、内分泌系统和生殖系统等，各系统都有各自的生理功能，但在神经、体液的调节下，各系统相互联系、相互配合，构成一个整体。

人体生活在大气中，但机体的绝大部分细胞并不直接与空气接触，而是生活在体内的液体环境中。机体内的液体总称为体液，正常成人体液占体重的60% ~ 70%，其中约2/3分布于细胞内，称为细胞内液；约1/3分布在细胞外，称为细胞外液，包括血浆、组织液、淋巴液、房水、脑脊液等。人体细胞生活的水环境，也会受到潮汐现象的影响而呈现周期性的变化。其在一定程度上与中医的整体观和系统观相符，强调整体的阴阳平衡，即生理学上所说的稳态。

在全球化、信息化和现代化的今天，中医药现代化方兴未艾，在继承历代医家学术思想和临床经验的基础上，我们更要汲取生物学、医学、化学以及计算机等先进技术中的精华，推动中医现代化，不断传承创新，造福于人类。

6.2.2 天生有用——人体穴位的生物学意义

传统中医认为经络是五脏六腑气血运行的通道，穴位是脏腑经络气血输出和注入的位点。穴位是推拿、针灸、艾灸等其他疗法的刺激部位。

随着人体科学研究的深入，生理医学专业设置了“人体的结构与功能”核心课程，主要讲述解剖学、生理学、组织学和胚胎学的内容，用以认识人体各部分形态结构以及各组织器官所表现的各种生命现象，能帮助人们掌握正常生命活动的客观规律，为防治疾病、增进健康提供必要的理论基础。穴位形态学研究者通过对部分穴位层次解剖发现，穴位处的结构是以皮肤、皮下组织、神经、血管、淋巴、筋膜、肌肉、肌腱等已知的结构为主，研究者还对穴位和非穴位进行了组织学观察，发现穴位区的表皮、真皮、皮下、筋膜、肌层及血管组织较非穴位的组织有着更为密集的感受器、神经末梢等，对刺激更为敏感；在穴位区的微血管分布也比非穴位区的要多。

6.2.3 躬行实践——测测你的心率

中医的“切脉”是医生用手指按脉，感知脉象，根据脉象来判断病征和诊察疾病的方法。脉象的形成与心脏的搏动、脉道的通利和气血的盈亏直接相关。人体的血脉贯通全身，内连脏腑，外达肌表，运行气血，周流不休，通过脉象能反映全身脏腑和精气神的整体状况。心脏的搏动提供了动力，推动血液在循环系统中流动，为机体各种细胞提供赖以生存的营养物质和氧气，带走细胞代谢的产物和二氧化碳；激素及其他信息物质也通过血液的运输送达靶器官，以此协调机体的功能。维持血液循环系统于良好的工作状态，是机体得以生存的条件。

心脏有节律地收缩和舒张，每收缩和舒张一次就构成一个心动周期。每分钟心脏跳动的次数就是心率，若心率为75次/min，则完成一个心动周期经历的时间为0.8s。心脏每个心动周期中，因动脉内压力和容积发生周期性变化引起动脉管壁周期性波动，就是俗称的“脉搏”。安静状态下，成人正常心率为60 ~ 100次/min，正常人的脉搏和心跳是一致的，因此可以通过计数脉搏，估测自己的心率。

安今天我们来测测自己的心率吧。

测测你的心率

- **物品准备**

一个计时器或秒表。

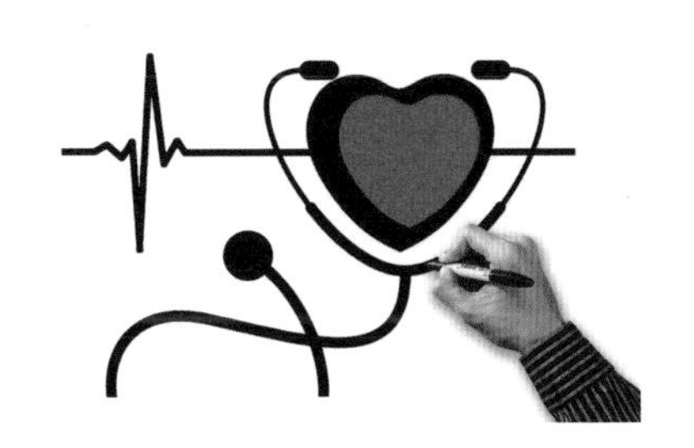

- **测试心率**

伸出左手手掌，掌心向上，用右手的两根手指轻轻地搭在外侧腕关节稍微靠里的桡动脉上，确保能摸到桡动脉的跳动。

● 计时

设置1min倒计时，并记录自己的脉搏次数，截止后，停止计数。如果脉搏跳动的次数是80次，那么你的心率大约为80次/min。

6.3 生命赋义，汉字予形

《晋书卷三六•列传》载“黄帝之史，沮诵、仓颉，眺彼鸟迹，始作书契”。意为轩辕黄帝兴起之后，黄帝的史官沮诵和仓颉受鸟兽足迹的启迪，分类整理，创造了汉字。仓颉把异体殊形的文字统一起来，使它系统化、整齐化，对后世产生了深远的影响。秦始皇统一中国之后，效法仓颉推行“书同文字”，强制对文字进行大规模的整理和规范。

汉字不仅是记录汉语的文字符号，还负载着古代科学知识和文化观念。学者们认为对中国文字的研究应该从古人生活的自然环境入手，由于中华大地的地形地貌的多样，以及多样化的天气、植被、地质等因素都对古人的生存产生决定性的影响，这些多样性形成多部落、多民族，造就了文化分支的多样；汉字使不同支脉文化得以沟通，它的发展是多地形、多部族、多元文化统一的要求，也是民族文化基因合成的原动力。汉字协调具有各种“形”“实”的对象，按照其表现的“属”与“类”的共性特征，表义的部首、偏旁优先，在主要位置先写，协同、从属的共构部分后写，放在协从位置，但协从部分却是显形的“个性”部分，这种重视“共性”与“个性”的协调统一，体现了中华传统文化的独特情感，是一种“和而不同”协同发展的文化。

以汉字“青”为例，“青”有蓝色或绿色、青草或没有成熟的庄稼等意思；清—氵+青，表（液体或气体）纯净没有混杂的东西；倩—亻+青，表人之美丽；婧—女+青，表女子苗条美貌、有才能。形声字表音的“声旁”不是简单为表音而表音，而是在遵循汉字内在关系的前提下，进行合理的组织，声旁和义旁呈现出有机的逻辑关系。

又例如象形字“隹”，我国最早的字典《说文解字》的解释为：“隹，鸟之短尾总名也。象形。”金文的“隹”最形象，有长长的喙、飘逸的羽毛，展现了一只鸟的样子（图6-16）。用“隹”作意符的字，大多与“鸟”有关，如雀、雏、隼、雉。有意思的是，在大自然中大多数的鸟类雄性的羽毛较雌性更加美丽鲜明，尾巴也更长，比如孔雀，雌孔雀尾巴羽毛不鲜艳，也相对较短；雄孔雀羽毛鲜艳，尾巴较长，可以通过羽毛鲜艳的颜色和开屏的行为吸引雌鸟，以获得交配和繁衍后代的机会，如图6-17所示。

图6-16　金文的“隹”

(a)雌鸟

(b)雄鸟

图 6-17　孔雀

6.3.1　管窥汉字中蕴藏的生态层次

汉字象形所秉承的是一种对生态的全息摹仿，古人面对无限纷繁复杂的对象，按照自己的经验、情感和目的为标尺来衡量世界，并按当时的文明程度和价值观来认知世界，能动地反映和改造世界。为了能更好地理解汉字所蕴含的生态层次，我们以“木”“森”和“集”三个字作为例子进行分析，分别如图6-18 ~图6-20所示。

“木”字，从甲骨文可以清楚地展现古人观察树木后，将其形象用线条进行刻画，中间一竖，是树木的主干，上方左右伸展的线条表示树的枝桠，而下方左右伸展的线条则是侧根。木本植物通常叫做树，其木质部发达，茎坚硬，通常也长得比较高大。树木丛生成林。甲骨文中的三棵树，是“森”字，“三”在这里是虚数，代表很多，很多树就是“森林”，森林是以木本植物为主体的生物群落与非生物环境共同组成的生态系统。森林在调节气候、涵养水源、保持水土、防风固沙等方面具有重要作用。有了森林就会吸引

图 6-18　“木”字的演变

图 6-19　“森”字的演变

图 6-20　“集”字的演变

各种鸟类聚集，甲骨文中“鸟”和“木”的组合就是“集”，表示“群鸟在木上也”。“隹”和“木”都是典型的象形字，而合在一起就构成了一个会意字：“集”。这也反映了古人观察到了鸟类树栖、多喜欢聚集的特点。“中庭地白树栖鸦”就是描写中秋夜，月光照得庭院地面雪白，树上栖息着鹊鸦的自然景象。

十五夜望月寄杜郎中

【唐】王建

中庭地白树栖鸦，
冷露无声湿桂花。
今夜月明人尽望，
不知秋思落谁家。

“山气日夕佳，飞鸟相与还”则描绘了傍晚时分，鸟儿结伴飞回山林的景象。鸟类的结伴行为被称为“集群行为”。研究者发现，大多数鸟类都有集群行为，集群的鸟类到达夜宿地后，往往还要喧闹一段时间才安静下来，这样便于鸟类充分进行交流。集群的鸟社会性更强，对食物信息更灵通，种群也更兴旺。例如，乌鸦成群结队出现，是一种集群的自然现象，一群乌鸦数量甚至可达几千只。集群生活的地方一般是适合乌鸦越冬的环境，冬天乌鸦的主要食物是地下害虫，乌鸦群聚的地方，来年会减少病虫害的发生。森林聚集的不同生物各司其职，维持着生态系统的良性、稳定发展。

汉字是我国古人在观察自然后的创造性的设计。汉字的一笔一画、一撇一捺，每一个笔画都有相对固定的位置，就如同生态系统中每种生物都扮演着自己的角色一样，发挥着各自的作用。汉字是继承中国文化命脉的载体，它是古人指引我们的智慧明灯，照亮今日发展的道路。汉字指引人类学会尊重自然，学习大自然的智慧，为人类的生存找到更适合的道路。

6.3.2 天生有用——学自然智慧，育生态文明

从大自然中获取灵感，人们学会构建更加复杂的人工生态系统的群落空间结构，提高了阳光、空间等资源的利用率。例如，在单

位面积上（或水体中），利用光、热、水、肥、气等自然资源，结合各种植物、动物、微生物的特征，利用时间差和空间差，在地面和地下、水面和水下、空中以及前后方，合理组装建设高产优质的农业生产系统。在平地上利用单位面积的土地上立体空间的资源，通过高矮搭配或生长季节的时序交错，进行间、套、混种，实行种养结合，例如：果树下套种食用菌、葡萄园里栽草莓等；在山地上利用海拔高低、地形地貌不同造成的垂直气候和生物差异，进行不同梯度的立体种植和养殖，如山顶造林，山腰种果，山脚种菜、养猪，山沟种稻或挖塘养鱼；再在林下、果树下种牧草、瓜豆、药材，在鱼塘混养不同食性的鱼虾，形成复合立体工程。

通过多物种、多层次、多时序、多级物质转化和多种产业相结合的合理布局发展立体农业。农、林、牧、渔、菌并举，提高空间利用率；同时，又可减少农药、化肥的使用。根据需要再引入加工环节，提高资源转化率，最大限度地提高系统内的物质产量。立体农业以最大经济效益为目标，注重合理计划，可获得合理投入的产出比，还提高了土壤肥力、维护生态平衡，减少了环境污染，使农业系统处于良性循环、实现可持续发展。

6.3.3 躬行实践——生态系统中的分层现象

观察郊外的森林公园，试着分析该生态系统中的分层现象。

观察一个森林群落的分层现象

● 实验准备

地点选择：一个森林生态系统，可大可小。

材料用具：相机（最好带长焦镜头）或手机、笔、记录本。

● 实验步骤

（1）认识分层现象

认识森林的乔木层、灌木层、草本层。注意区分灌木和乔木。我们通常说的树就是乔木，它们有明显的主干，而灌木通常长得矮小，主干低矮、不明显，一般呈丛生状态。

试着辨认不同层都有哪些植物。如有不认识的植物，可以借助一些识别植物种类的App或者有识图功能的搜索引擎等来搜索查找确认。记录每一层数量较多的植物（表6-1）。依据乔木层的优势物种，结合你的生物学知识判断这些优势物种的类型（例如常绿阔叶林、针阔混合林或针叶林）。

表6-1 不同层植物的名称及数量

序号	乔木层		灌木层		草本层	
	名称	数量	名称	数量	名称	数量
1						
2						
…						

（2）观察层间（层外）植物

观察森林里的附生植物（如地衣、苔藓等）、藤蔓植物、攀缘植物等，它们称为层间植物或层外植物。苔藓植物也有很多种类，可用手机拍摄记录。

参考文献

[1] 高文清. 熊经鸟伸，为寿而已——中国古代体育养生的发展与演变[J]. 喀什师范学院学报，2008（3）：61-63.

[2] 虞定海. 五禽戏新功法的编创及实验效果[J]. 上海体育学院学报，2003（2）：55-59.

[3] 卢红梅. 五禽戏、八段锦健身效果的实验对比[J]. 安阳师范学院学报，2008，（5）：134.

[4] 路甬祥. 仿生学的意义与发展[J]. 科学中国人，2004（4）：24-26.

[5] 汪如锋，柏祖刚. 五禽戏仿生文化解析[J]. 体育成人教育学刊，2017（2）：66-69.

[6] 沈寿. 明代刊本五禽戏图说试释[J]. 成都体育学院学报，1980（2）：4.

[7] 刘竹，饶远. 仿生之美与感悟之升华[J]. 云南师范大学学报，2000，32（4）：4.

[8] 祝学刚，薛屹. 神医华佗与高效祛病健身的五禽戏[J]. 兰台世界，2014（30）：81-82.

[9] 邱丕相. 中国传统体育养生学[M]. 北京：人民体育出版社，2006：251.

[10] 孙久荣，戴振东. 仿生学的现状和未来[J]. 生物物理学报，2007，23（2）：109-115.

[11] Jo S H，Chang T，Ebong I，et al. Nanoscale Memristor Device as Synapse in Neuromorphic Systems[J]. Nano Letters，2010，10（4）：1297-1301.

[12] 霍静. 手把手教你50个中学生物学的动手实验[M]. 重庆：西南师范大学出版社，2016：187-189.

[13] 廖育群，等. 中国科学技术史：医学卷[M]. 北京：科学出版社，1998：8.

[14] 陶清. 砭石古今考[J]. 医学与哲学，2018，39（5）：93-95.

[15] 林玲主. 发明创造[M]. 青岛：青岛出版社，2014：5.

[16] 孙晓，高明宇. 家庭医生[M]. 沈阳：辽宁科学技术出版社，2015：171.

[17] 于斌. 中医的历史与溯源文化[J]. 文化产业，2020（13）：25-26.

[18] 国家卫生健康委办公厅，国家中医药管理局办公室. 关于印发新型冠状病毒肺炎诊疗方案（试行第八版）的通知. 2020.

[19] 张伯礼，吴勉华. 中医内科学[M]. 北京：中国中医药出版社，2017：8.

[20] 董娟娟，等. 正常人体结构与功能[M]. 济南：济南出版社，2020：10.

[21] 王永炎. 中医药研究中系统论与还原论的关联关系[J]. 首都医科大学学报，2007（2）：137-139.

[22] 杨永安. 生物钟与穴位养生[M]. 济南：山东人民出版社，2001：27-29.

[23] 邓海平，沈雪勇，丁光宏. 艾灸与经络穴位红外辐射特性[J]. 中国针灸，2004（2）：33-35.

[24] 郭义. 实验针灸学[M]. 北京：中国中医药出版社，2008.

[25] 汤婕，郑艳琼，林咸明. 眼保健操找对穴位保护视力[J]. 健康博览，2014（9）：40-41.

[26] 夏毅. 针刺睛明穴治疗青少年近视的调查分析[J]. 临床眼科杂志，2001（2）：151-152.

[27] 周建伟，李季，李宁，等. 电针太阳穴治疗偏头痛肝阳上亢证即时镇痛效应研究[J]. 中国针灸，2007（3）：159-163.

[28] 朱大年，王庭槐. 生理学[M]. 北京：人民卫生出版社，2013：87-125.

[29] 孔刃非. 汉字创造心理学[M]. 北京：线装书局，2007：9-11.

[30] 陈政. 字源谈趣：详说800个常用汉字之由来[M]. 北京：新世界出版社，2006：417.

[31]《新编说文解字大全集》编委会. 新编说文解字大全集[M]. 北京：中国华侨出版社，2011.

[32] 孙儒泳，李庆芬，牛翠娟，等. 基础生态学[M]. 北京：高等教育出版社，2002：137-149.

[33] 翟中和，王喜忠，丁明孝. 细胞生物学[M]. 3版. 北京：高等教育出版社，2007.

第7章 经验成就『生活』

据载，杜康把剩饭贮藏在树心已朽空了的桑树中，日子久了，发现饭自然发酵流出液体，并散发出芬芳的气味，饮用后感觉味道甘美。杜康由此受到启发，发明了酒，成为中国古代传说中的“酿酒始祖”。“由饭产酒”是生活经验，“发明了酒”成就了生活，更是经验探索的升华。在生活实践中，我们通过进一步的观察、感受、体验、积累和总结，形成了诸多的生物学知识。例如，制曲酿酒、揉捻茶香、扎染晕色等技艺，无不体现着中国传统文化的智慧光芒。岁序常易，时节如流，这些传承的宝贵经验成就了如今多姿多彩的美好生活。

在本章，我们将通过了解我国传统工艺的传承和发展，来进一步认识其中的生物学原理。

7.1　魅力不在杯盏间，典雅酒脱天地中

从我国河南省漯河市舞阳县贾湖遗址出土的陶器碎片中发现了9000年前的古酒残渍，这是至今报道的最早的酿酒考古证据。商周至春秋战国时期，我国的酿酒技术有了显著提升。如图7-1所示为模拟的酒窖场景。

在中国的传统文化中，酒是粮食酿制的精华，更是美好物品的象征，甚至是表达心意、寄托情感的媒介。古人较为注重饮酒与养生保健。《吕氏春秋》中载有“饮必小咽，端直无戾”，意思是喝酒应该小口慢酌，身体坐直不弯曲，以防饮酒太多太急，损伤肠胃。

图 7-1　酒窖场景（模拟）

古人在倡导节制饮酒的同时，也十分强调饮酒的环境和方式。日炙风燥、连阴恶雨、近暮思归、心情烦躁时，不宜大量饮酒；凉风皓月、花开满庭、新酿初熟、故友重逢时，适量饮酒可达到宾主皆欢、抒怀畅达的美好境界。

7.1.1　从葡萄酒认识酿酒的原理

“葡萄美酒夜光杯，欲饮琵琶马上催。”诗中提及的葡萄酒（图7-2）就是人类利用微生物发酵酿造而成的。最初，人们可能发现了储存的水果会自然发酵，并散发出酒香味，因而开始逐渐摸索酿酒技术。

图 7-2　葡萄酒

有关葡萄酒的文字记载，到西汉才出现。据考证，我国的葡萄（古人称其为“蒲陶”）是由张骞出使西域带回来的西域特产，同时传入我国的还有葡萄的酿酒技术。到了唐朝，葡萄酒的酿制才逐渐兴盛起来。

野生葡萄的表皮上带有一定量的酵母菌，能够在自然环境下将葡萄中的糖类发酵生成酒。酵母菌是一种单细胞真菌，在有氧和无氧环境中都能生存，属于异养兼性厌氧菌。在缺少氧气的环境中，酵母菌通过无氧呼吸，将糖类分解生成二氧化碳、酒精等产物。葡萄酒就是利用酵母菌无氧呼吸的原理酿造而成的。

不同的葡萄品种对葡萄酒风味有直接影响。例如，麝香葡萄大多数生长在气候炎热的地方（如地中海），用其酿出的葡萄酒酸度较低，口感清爽；赤霞珠在炎热的砂砾土质中生长，粒小皮厚，用其酿造的葡萄酒滋味醇厚，果味丰富，适合陈酿保存；长相思是生长在石灰质土的白葡萄品种，用其酿造的葡萄酒口感柔和，芳香浓郁。

7.1.2 天生有用——从清酒、浊酒的差异来认识发酵

有很多关于“酒”的诗作流传至今，脍炙人口。李白有“金樽清酒斗十千，玉盘珍羞直万钱”，杜甫有“苍苔浊酒林中静，碧水春风野外昏”，苏轼有“明月几时有？把酒问青天”。很多诗词常用清酒比喻圣人、浊酒比喻贤人，“清圣浊贤”成为酒的雅称。浊酒是用糯米、黄米等酿制，含有一些酒糟和渣滓，因而看起来较为浑浊，称为“浊酒”。古人在浊酒中加入石炭等物质，使其沉淀并过滤去杂，取其清澈的酒液饮用，便有了“清酒”之名。清酒要比浊酒更加金贵。

中国的白酒较为清冽，是用谷物酿造的，但是谷物中的淀粉必须先水解为葡萄糖后，才能被酵母菌利用，发酵产生酒精。也就是谷物先要糖化，再发酵酒化。那么，这神奇的转化是如何实现的呢？古人在长期的观察中发现，发霉的谷物更容易酿酒。麦谷经雨淋或长时间处在潮湿的环境就会发霉，捣烂发霉的谷子，发霉的速度会加快。如果将捣烂发霉的谷子加入发芽的谷物中，可以更快酿出酒。这种发霉的谷物是“酒曲”的最早发现。

从生物学的角度看，发芽的谷物会合成淀粉酶，把淀粉转变为

糖，谷芽为酿酒准备好了酵母菌可用的糖类，而发霉的谷物中含有酵母菌，也就是最初的“酒曲”。古人在蒸煮后的白米中加入些许“酒曲”，一段时间后米粒上生长出大量“小绒毛”，由此培育出了比较稳定的“酒曲”。现在，酒曲可简单分为大曲和小曲，“大曲”以高粱、小麦或豌豆为原料，经过粉碎加水、踩曲制坯，再进行发酵，最终制成含有多种菌类的糖化发酵剂；“小曲”以大米为原料，接入“曲母”，经过人工培养，最终做成球状备用。酒曲上含有大量的微生物及其分泌的酶类，如淀粉酶等，这些酶具有催化作用，可以加快酿酒的进程。如图 7-3 所示为酿酒的工艺节选。

图 7-3　酿酒的工艺节选（图中依次为拌曲、蒸粮、出酒、贮存）

古人不一定认识到了微生物的存在，但却发现了很多微生物作用下的神奇变化。例如，将“米曲”放置于蒸熟的大豆或小麦上，还可以生产酱油、豆豉等多种调味品。酒、酱油等发酵产品的酿造，都离不开微生物的作用，因而微生物被誉为发酵的“灵魂”。在发酵过程中，微生物的种类和数量都会发生不同程度的变化，物质代谢途径也多种多样，由此造就了发酵食品的不同风味。

图 7-4　泡菜

随着酿造工艺的不断进步，人们已经可以利用特定的微生物生产出风味独特的发酵食品，例如泡菜（图 7-4）、酸奶、火腿、香醋、腐乳等（见表 7-1）。这种在适宜的条件下，利用微生物将原料经过特定的代谢途径转化为人类所需要的产品的过程，称为微生物发酵。

表 7-1　参与食品发酵的主要微生物

传统发酵食品类别	具体发酵食品举例	与风味形成有关的重要微生物
新鲜蔬菜	泡菜	乳酸杆菌等
奶制品	酸奶	乳酸杆菌等
肉制品	火腿	较强耐盐或嗜盐性的微生物（如假单胞菌等）
调味品	香醋	醋酸杆菌等
豆制品	腐乳	霉菌（主要是毛霉）

7.1.3　躬行实践——果酒制作

● 清洁发酵器具

准备密封性好的发酵瓶，清洗干净，可倒入白酒（或70%的酒精）润洗，晾干备用。

- **清洗新鲜葡萄**

选取新鲜的葡萄，用缓流水冲洗2～3次，再除去枝梗，沥干。

- **榨汁装瓶**

将葡萄用手捏破后，放入发酵瓶（注意：发酵瓶上方预留1/3左右的空间）。然后加入适量白糖并盖好瓶盖。

- **监测果酒发酵**

将发酵瓶放置在阴凉干燥的地方（温度在18～30℃均可）进行发酵（发酵过程中，要定期将瓶盖适度拧松放气，并及时拧紧）（图7-5）。发酵半个月左右即可饮用。

图7-5　葡萄酒的酿制

7.2　五碗肌骨清，六碗通仙灵

饮茶，在中国已经有近5000年的历史。“一碗喉吻润，二碗破孤闷。三碗搜枯肠，惟有文字五千卷。四碗发轻汗，平生不平事，尽向毛孔散。五碗肌骨清，六碗通仙灵。七碗吃不得也，唯觉两腋习习清风生”，唐代诗人卢仝将饮茶给人的美妙意境写进了诗里，被广为传颂。由此形成了“喉吻润、破孤闷、搜枯肠、发轻汗、肌骨清、通仙灵、清风生”的茶韵，一度称为美谈。

“开门七件事，柴米油盐酱醋茶”，茶也成为人们日常生活的一部分。中华民族认识和利用茶叶的历史源远流长，相传可以追溯到神农时代。《格致镜原》中记载：“本草神农尝百草，一日而遇七十毒，得荼（茶）以解之”。“荼”是一种野生植物，具有清热解毒的药性。神农所得的“荼”可以认为就是今日所说的“茶”。饮茶有益健康。目前市售茶种类繁多，若以发酵程度分类，可分为不发酵茶、半发酵茶和全发酵茶三大类；以茶色分类，又可以分为绿茶、白茶、青茶、红茶、黑茶等；以产地分类，还可分为黄山毛峰、婺源绿茶、西湖龙井、福鼎白茶、冻顶乌龙、洞庭碧螺春、安溪铁观音、祁门红茶、云南普洱、安化黑茶等。虽然茶的分类方式多种多样，但是可以看出，这一份细芽嫩叶已点缀着人们的日常生活。

7.2.1 认识“止渴消疫”的茶叶

现代的研究已发现，茶叶中含有将近500种化学成分，主要有咖啡碱、茶碱、可可碱、黄酮类及其苷类化合物和多种氨基酸、维生素等。茶叶中的多酚类化合物（也称茶多酚）是形成茶水“色香味”和具保健功能的主要成分之一。茶多酚具有较强的抗氧化作用，能有效地与机体内未被及时清除的自由基结合，从而减少自由基的破坏作用，使茶水表现出解毒抑菌、消疫祛疾等功效。

茶中的咖啡因能够促进体内的新陈代谢，将糖类、脂肪等有

自由基

自由基又称游离基。有机化合物发生化学反应时，伴随着部分共价键的断裂和新共价键的生成。自由基能独立存在，含有1个或1个以上不成对电子的原子、原子团或分子。自由基普遍存在于生物体内，种类较多，是活性极高的过渡态中间产物。

人体内自由基具有一定的功能，如协助传递维持生命活动的能量、杀灭细菌等。正常受控的自由基对人体是有益的。但过多的活性氧自由基会产生破坏作用，如攻击体内的DNA、蛋白质、脂质等物质，造成DNA断裂、蛋白质变性失活等，使得人体正常细胞受到损坏，引发多种疾病。

机物中的化学能转变成热能。饮用热茶水，往往会使人适量出汗，增加机体散热，起到适度调节体温的作用。

随着人们对茶叶认识的深入，饮茶品茗也逐渐成为人们交谈访友的雅致之举。“客来正月九，庭进鹅黄柳。对坐细论文，烹茶香胜酒”，凸显了喝茶已成为交际场合的一种雅好。一场茶事，三五好友，或高谈阔论，或低语私言，促膝而谈，何其乐哉！

7.2.2 天生有用——从茶的制作工艺认识茶的种类

茶是人们日常喜爱的饮品之一，在制作工艺上主要有萎凋、杀青、揉捻、闷黄、发酵、烘干等流程。我国著名的茶学专家陈橡教授将茶分为绿茶、白茶、黄茶、青茶、红茶和黑茶等六大类，这六大茶类的色泽和加工方法有所不同。

绿茶因高温杀青破坏了氧化酶的活性，形成了“绿叶绿汤”的清亮风味；白茶经过晾干萎凋，色白隐绿，保留了“汤色浅淡，味道甘醇”的独有特点；黄茶因趁热堆积，叶片闷黄黄化，形成了“黄叶黄汤”的浓郁品质；青茶采摘后鲜叶要在筐子里晾青，芽叶部分变成了紫色或褐色，冲泡后香气浓郁，入口甘甜；红茶是在绿茶的基础上经过揉捻发酵后，茶叶中的成分产生化学反应，用水冲泡，不仅茶香怡人，茶汤还呈现出特有的深红茶色；黑茶是茶叶在干、湿互变过程中发酵，并进一步渥堆后形成，茶叶香气纯正，汤色黄红稍褐，滋味浓醇……

中国是茶叶的故乡，是世界各国茶文化的发源地。山径摘花春酿酒，竹窗留月夜品茶。煮水煮茶，品茗品香，别具生活气息，更含人生百味。各类茶叶在求同存异中各具特色，在因地制宜中精益求精，以其独有的风味，共同点缀着我国源远流长的茶文化。

7.2.3　躬行实践——茶叶真的能抗氧化吗?

茶水中的茶多酚等物质具有一定的抗氧化能力，能与氧自由基结合，生成对机体无毒副作用的化合物，但目前还缺少直接捕捉到体内自由基的技术手段。所以，要想观察以茶水清除自由基的小实验，可用H_2O_2溶液模拟机体的过氧化条件，H_2O_2被还原性物质分

解后，会产生水和氧气。

我们一起看看茶水中的茶多酚清除氧自由基的现象吧。

观察茶水的抗氧化能力

- **实验材料和用具**

一定浓度的茶水、蒸馏水、试管、量筒、滴管等。

- **实验原理**

茶水中的茶多酚具有一定的抗氧化能力，可以促进H_2O_2分解，产生水和氧气。氧气的产生速率可用单位时间内气泡的数量来表示。

- **实验步骤与观察**

（1）准备两支洁净的试管A和B，分别加入2mL 6% H_2O_2溶液。

（2）再向试管A中加入2mL茶水，同时向试管B中加入2mL蒸馏水。

（3）持续观察两支试管中气泡的产生情况，如图7-6所示。

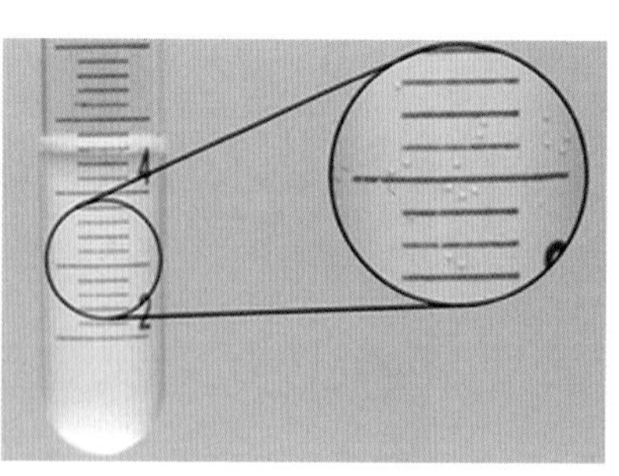

(a)试管A（茶水组）

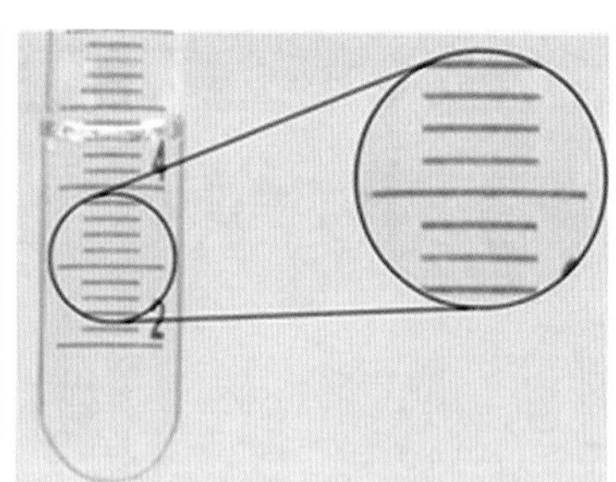

(b)试管B（蒸馏水组）

图7-6　实验现象

由图可知：茶水组的试管中缓慢产生气泡，蒸馏水组的试管无明显变化。说明茶水加快了H_2O_2分解的过程。

7.3 雨滴芭蕉赤，霜催橘子黄

唐代诗人岑参写道：“雨滴芭蕉赤，霜催橘子黄。”雨季的到来，芭蕉逐渐成熟，橘子也渐渐变黄。诗人岑参被贬至外郡出守，在秋末冬初写下了这篇诗作。诗人将自然规律与人生变化相结合，用寒霜洗礼才得以成熟的芭蕉和橘子自喻，将人生无常转为坦然处之，遭谪面前却未见愁苦。这种宽宏的生活态度，展现出诗人豁达的无为之气。

诗中的芭蕉是多年生草本植物，植株高可达4m，叶片长圆形，叶面鲜绿色，苞片红褐色或紫色。《南方草木状》记载“望之如树，株大者一围余，叶长一丈或七八尺”。硕大的蕉叶带着扶疏潇洒之

苞片

花下方或花序外围的变态叶，比一般叶小，或变为鳞叶状，有保护花芽的作用。

大部分植物苞片的颜色与叶相同，但有的植物的苞片具鲜艳的颜色，可以吸引动物帮助植物完成授粉，如红掌的花序是由红色的佛焰苞和黄色的肉穗花序组成。

美，给人独特的美感和风韵。芭蕉的园林种植可追溯到我国西汉时期。宋元明清，芭蕉在园林中已有较高的地位，形成了一定的园林种植规模和造景模式，如图7-7所示为开花的芭蕉。

芭蕉常与孤独忧郁、离愁别绪相联系。诗人常把伤心愁闷，借着雨打芭蕉一并倾吐出来。杜牧一句“芭蕉为雨移，故向窗前种”，将夜雨中客子思乡之情展现得如泣如诉；陆游一句“窗外有芭蕉，阵阵黄昏雨”，将惆怅寂寞、凄清愁苦之情展现得淋漓尽致。杨万里一句“芭蕉自喜人自愁，不如西风收却雨即休”，将忧思哀愁之情展现得格外传神。

图7-7 开花的芭蕉

图7-8 橘子

秋末时节也是“橘子黄”的时节。橘是常绿小乔木或灌木，枝细，有刺。花瓣白色或带淡红色。果实近圆形，有的皮薄光滑，有的厚而粗糙，呈现淡黄色或深红色，如图7-8所示。屈原的《橘颂》是第一篇吟诵“橘”的诗歌，“后皇嘉树，橘徕服兮。受命不迁，生南国兮”，意为橘是这天地间的嘉美之树，生下来就适应这方水土，接受了再不迁徙的使命，便永远生在南楚。这首《橘颂》，让橘成为中国经典文学中矢志不渝的意象代表。后来，从张九龄的“江南有丹橘，经冬犹绿林”到柳宗元的“橘柚怀贞质，受命此炎方”，再到欧阳修的“残雪压枝犹有橘，冻雷惊笋欲抽芽”，后世的文人墨客们纷纷以橘作诗、借橘明志。

秋末冬初时节，芭蕉深红，橘子金黄，植物们纷纷展现出了自己独特的颜色。那么为什么在秋末冬初时，能看到植物世界的五彩斑斓、色彩缤纷呢?

7.3.1 影响植物颜色变化的因素

植物世界的色彩缤纷，不仅仅体现在秋冬的芭蕉赤、橘子黄上，也有“霜叶红于二月花”的叶色变化，还有“等闲识得东风面，万紫千红总是春”的花色多样。植物能呈现多种多样的颜色是由植物体内的色素决定的。植物色素主要存在于植物细胞的叶绿体和液泡中。在叶绿体中的色素一般是非水溶性的，如叶绿素及类胡萝卜素，前者显示绿色，后者则显示为黄色或者橙色，许多蔬菜呈现的颜色，多为这类色素及它们混合显色的结果；在液泡中的色素一般是水溶性的，主要为花青素，显示出红、蓝、青、紫等颜色，自然界中盛开着的五颜六色的花，大多是由这类色素决定的。

大自然不仅赋予了植物五彩缤纷的颜色，还赋予了它们神奇的“变色”能力。在不同的季节，我们常看到叶片发生“绿得发亮、红得似火、黄得像金”的变化，这主要是植物体内各类色素的综合表现与复杂的环境条件相互作用的结果，其中光照和温度是主要的环境影响因素。例如，枫叶在温暖的春夏时节，由于光照比较强烈，叶片中合成的叶绿素较多，掩盖了花青素的颜色，所以呈现出绿色；到了秋天，天气骤冷，叶绿素由于低温、叶片衰老等原因被分解破坏，而此时花青素的含量占据优势，最终就出现了“霜叶红于二月花”灿烂夺目的景象（图7-9）。

更神奇的是，有些花朵在一日之内可以变换颜色，比如牵牛花，它的花瓣在清晨是红色的，到了中午和下午，就会变成蓝紫色（图7-10）。宋代诗人杨万里诗云“素罗笠顶碧罗檐，晚卸蓝裳著茜衫”就生动地描绘了牵牛花这种神奇的“换装”能力，这其实与它体内的花青素有关。花青素是一种“调皮”的植物色素，在酸性环境中，花青素会呈现红色，酸性越强，颜色越红；在中性环境中，它会呈现紫色；而遇到碱性环境时，花青素则会呈现蓝色，碱性较强时，蓝色较深。早晨，牵牛花经历了夜晚细胞的呼吸作用，细胞中的CO_2含量增多而形成碳酸，使细胞液中pH呈酸性，花青素呈现红色，所以花瓣也呈现红色；白天，随着光照不断增强，光合作用逐渐占据优势，CO_2被逐渐消耗，细胞液中pH逐渐呈中性甚至碱性，花青素颜色就慢慢变深，花瓣呈现紫色或蓝色。牵牛花“换装”的原因，是在外界环境因素的影响下，细胞内酸碱度发生了变

图7-9　金秋的树叶

图7-10　会变色的牵牛花

化，花青素也随之变换颜色。除了牵牛花，木芙蓉、金银花、石竹等也有这种有趣的“超能力”！

当然，除了叶绿素、花青素能影响植物的颜色外，类胡萝卜素、甜菜色素等植物色素也能影响植物的颜色。正是由于不同色素成分和比例的不同，所以才有了“万紫千红总是春”的视觉盛宴（图7-11）。

图 7-11　五颜六色的花

7.3.2　天生有用——植物染料与扎染工艺

植物染料是中国古代染色工艺的主流，我国应用植物染料的历史十分悠久。古人凭借自己的智慧，尝试利用植物的花、草、叶等来提取色素作为染料来用于工艺制作。早在4500多年前的黄帝时期，人们就开始利用植物的汁液给衣服染色。

植物染料主要来源于天然植物的色素。在周代以前，我国就已栽种了用以染色的各个品种的蓝草，如蓼蓝、马蓝等。最初，人们用新鲜的蓝草汁液直接浸染衣物，只能得到蓝色或碧色，并且由于

蓝色花草只在夏秋之际才可以采摘，染色还受到了季节限制。春秋战国时期“蓝靛”技术的出现解决了这个问题。

除了蓝色类的蓝草，人们还发现漫山遍野植物的根、茎、叶、皮都可以用温水浸渍来提取相应的染液。如红色类的茜草，汉代时茜草染色技术已十分成熟，长沙马王堆一号汉墓出土的“长寿绣袍”就是用茜草浸染而成的；红花也是红色类植物染料，用红花提取出的红色更为纯正，古人称之为“真红”。黄色植物染料多来源于栀子、地黄、荩草、姜金和槐米等。自秦汉以来，栀子一直是中原地区应用广泛的黄色植物染料之一，其用来染色的部位是果实；地黄用以染色的部位是根。

黑色染布在我国古代也十分常见。用以染黑的植物有很多，如皂斗、乌桕、薯莨等。周朝时，人们就开始用皂斗染黑。汉初仍沿用黑色服饰。汉文帝“身衣弋绨”，即穿黑色粗厚的丝织物，官员则“虽有五时服，至朝皆著皂衣”。“皂衣之吏”即源于此。

古人们利用植物色素加工布艺，让服饰衣物变换出无穷的色彩。丰富的染料给我国的染布技艺带来了发展的契机。据史料记载，两汉时期，生活在我国云南大理地区的白族先民已经使用植物染料来染制纺织品，其独特的染布技艺称为扎染。扎染是将织物在染色前部分结扎起来，使之不能着色的一种染色方法。所用染料为山上生长的蓼蓝、板蓝根、艾蒿等天然植物的蓝靛溶液。此法一直以其原生态的植物染料、多变的传统工艺，点缀和美化着当地人民的生活。

扎染的制作方法别具匠心，主要步骤有确定图案、绞扎、浸泡、染布、蒸煮、晒干、拆线、漂洗、碾布等。扎染成品如图7-12所示。

图7-12 扎染成品图案

近年来，随着市场需求不断扩大，扎染的图案也愈发多样化，颜色也更加丰富多彩，衍生出扎染包、扎染帽、扎染衣裙等琳琅满目的工艺品（图7-13）。2006年，云南大理白族扎染技艺被国务院列入第一批国家级非物质文化遗产名录。

图7-13 现代染布工艺产品

我们可以就地取材，让植物染布走进我们的日常生活。植物染布的原材料取之于大自然，用之于大自然，让我们的生活方式更健康。

7.3.3 躬行实践——一起来做扎染布

扎染最主要的工艺是绞扎、染布两道工序。绞扎又称扎疙瘩，即在选择好布料后，按照设计好的花纹图案，在布料上分别使用撮皱、折叠、翻卷、挤揪等方法，使之成为一定形状，然后用针线一针一针地缝合或缠扎，将其扎紧缝严，让布料变成一串串“疙瘩”，如图7-14所示。染布是将扎好“疙瘩”的布料，放入染缸里，或浸泡冷染，或加温蒸热染，经一定时间后捞出晾干。而后反复浸染，每浸一次色深一层，即“青，取之于蓝，而青于蓝”。

图7-14　绞扎

反复浸染到一定程度后，将布料捞出并放在清水中漂洗。晾干后拆开“疙瘩”，熨烫平整，被丝线扎缠缝合的部分未受色，呈现出空心状的白色，这便是“花”；其余部分染为深蓝色，即是“地”，“花”和“地”之间往往呈现出一定的过渡性渐变的效果，至此，一块漂亮的扎染布就制成了。

扎染布艺是由纯手工制作而成。人们缝扎时的针脚不同、染料浸染的程度不一等因素，使得染出的成品也各有特色，韵味十足。

下面我们一起来做一个简易工序的扎染布吧！

一起来做扎染布

- **材料准备**

电熨斗、不锈钢锅、电磁炉、竹筷、橡皮筋（若干）、针线（若干）、布料（或白手绢）、颜料包（含染料、固色剂、均染剂）、水桶等。

- **实验前准备**

准备两个洁净的水桶，一桶装入半桶清水备用，另一桶装入半桶清水和适量颜料（根据水量，酌情加入颜料）。为方便颜料溶解，可先用电磁炉把水烧开，再放入相应颜料，用竹筷搅拌均匀并冷却备用。

- **扎染步骤**

（1）绞扎

可以根据个人喜好选择捆扎程度。扎得越结实、越

细密，颜料浸染得将越少。制作完成后，可用橡皮筋捆扎备用。

（2）浸湿布料

将布料放入清水桶中浸湿一段时间，方便后期着色。

（3）染色

将桶中染料倒入锅中，放入已浸湿的布料。小火蒸煮20min左右，每隔5min翻动一下。

（4）洗去浮色

将染好的布料放入清水桶中洗去浮色。

（5）成品处理

待布料晾干后，打开绳结。用电熨斗熨烫完整或者自然晾干。

参考文献

[1] McGovern P E，Zhang J，Tang J，et al. Fermented beverages of pre- and proto-historic China[J]. Proceedings of the National Academy of Sciences of the United States of America，2004，101（51）：17593-17598.

[2] 陈叶福.《酒与酒文化》教学思考[J]. 食品与发酵工业，2021：341-344.

[3] 邓韵. 方法篇：古人饮酒智慧不过时[J]. 医食参考，2009，000（1）：9.

[4] 张楠. 古代诗词中清酒与浊酒的意象[J]. 文学教育（下），2011（2）：32.

[5] 张佳瑜. 奶茶有“奶”又有“茶”？[J]. 大众健康，2019（1）：82-83.

[6] 何从. 奶茶其实没奶也没茶[N]. 北京科技报，2018-03-12（48）.

[7] 彭艳芳. 唐宋文学中的“芭蕉”意象[J]. 北方文学，2018（14）：72.

[8] 卓丽环，陈龙清. 园林树木学[M]. 北京：中国农业出版社，2004：236.

[9] 徐赞芳. 唐诗橘意象研究[D]. 浙江：宁波大学，2019.

[10] 徐杰. 牵牛花变色之谜[J]. 阅读，2016（Z8）：34-35.

[11] 杜燕孙.国产植物染料染色法[M]. 4版. 北京：商务印书馆，1950：1.

[12] 谭光万，FOTOE. 中国古代植物染料[J]. 地图，2011，000（6）：64-71.

[13] 陈宗懋，杨亚军.中国茶经[M]. 上海：上海文化出版社，2011.

[14] 吴政宗. 茶的药用保健及其制作工艺技术[J]. 当代农机，2023（1）：68-70.

后记

2020年6月接到了《中国传统文化的生物之光》的编写任务，直至今日，我们花了近两年的时间才成稿。回顾书稿撰写的过程，经历了根据编写任务确定目标、设计内容形成目录、书稿体例统一、撰写书稿章节、根据目标修订稿件、形成初稿的六个基本环节。书稿编写的目标读者是中小学学生，目的是提炼中华优秀传统文化中相关的生物学内容，还要和目标读者已有的学习经验结合，在不增加读者学习负担的前提下，突出中华优秀传统文化中的生物学科本质。在完成中华优秀传统文化相关文献的梳理和对初高中生物学教材中涉及的中华传统文化内容进行整理后，面临的第一个难题就是目录的确定。最初，打算从生物分类的视角入手，体现生物分类的思想，但将植物、动物、微生物中与传统文化相关内容分门别类地展示，并不能体现出生物的共性。在进一步研读中学的生物学课程标准后，提炼出了生物所具备的“特性”和“共性”的生物学研究视角，从生长、发育、生殖繁衍、生物与环境的相互关系等基本特征入手划分板块。但仅以生物学特征形成目录，又失去了中国传统文化的底蕴，脱离了本书的初衷，所以又进一步结合我国汉语的智慧，反复斟酌相关的中华优秀传统文化的内容，最终确定出适合的编写目录，形成了管窥生殖发育、别样生存有法、民以食为天、遵循规律之道、生态协调之美、顺应自然之理、经验成就“生活”等七个章节标题和相关的内容划分。确定目录后，在本套丛书的总主编廖伯琴教授的指导下，从书各学科相互借鉴，编写体例很快就做好了统一。撰写书稿最大的挑战是编委的培训和指导，如何选取适合的优秀传统文化，解释其中的生物学概念和术语的深度，既要科学又要有趣；如何选取与之相匹配的生活经验或事实，拓展传统文化中的生物学；如何为读者提供操作简单又能在日常生活中实践的小实验；如何使书稿的排版看起来精致美观等，只有编委统一思想，才能保证文稿的可读性。修订稿件也是一个大工程，核对传统文化选取的来源和修订其解释的合理性，不仅仅是对我们的生物学科知识的检验，也是对有关文献考据和文学素养等能力的检验，在修订稿件的过程中，我更深刻地领悟到中小学的学校教育以培养学生的核心素养为目标的深远意义。为了确保学科专业知识的科学性，西南大学生命科学学院的谢建平教授从生物学科专业的视角给予了指导和审读。因此编者在结合修改意见后，根据编写目标完成了书稿的修订，形成了初稿。

感谢西南大学教师教育学院的廖伯琴教授精心策划了本套丛书的出版，结合各学科的特点给予了明确和细致的指导。感谢生命科学学院2018级本科生廖立帆和周涛同学，在样章内容编写和排版布局等方面做出的努力。2012级教育硕士陈海霞，2014级教育硕士姜祎欣，2015级教育硕士杨其，2019级教育硕士郑自展、周宏景、王纯、杨姣，2020级教育硕士陈婷婷、熊慧、旷柳等参与了本书的编写。郑自展、周宏景、王纯、陈婷婷、熊慧参与了梳理中华优秀传统文化和确定目录的相关工作，陈婷婷和熊慧协助我完成了统稿的工作。他们中的大多数人都是教学一线的工作者，他们利用工作之余，积极参与书籍的撰写，经受住了对文本反复修改的要求，我也深深被他们主动克服各种困难、对书稿文本保持高度负责任的态度所感动，在此，向所有为本书出版付出劳动、给予帮助的人员致以我最诚挚的感谢，大家齐心协力才使书稿得以问世！

希望您在阅读本书时，能感受到中华五千年传统文化绽放的魅力，体会到我们祖先的聪明才智，在理解中华传统文化的同时领悟其中的生物学奥妙！

在使用本书的过程中，有问题和建议，也请及时和我们联系，我们会进行修正，并努力为读者提供更好的阅读体验。

内容	编写人员
第一章	霍静　廖立帆　周涛
第二章	陈婷婷　熊慧
第三章	周宏景　王纯
第四章	姜祎欣　杨姣
第五章	杨其　陈婷婷
第六章	杨其　旷柳　陈海霞
第七章	郑自展

霍　静

2022年3月23日